餓童家便當日常

前《蘋果日報》副刊主任 沈軒毅（餓童）——著

地方爸爸 **88** 道
愛的料理

suncolǒr
三采文化

讓女兒懂得
什麼是美味的食物

前《蘋果日報》副刊主任　沈軒毅（餓童）

為什麼每天幫女兒做便當？
打從女兒上小學吃了一天學校營養午餐後，她便希望能夠帶便當，於是開啟我的便當人生。

從一星期一次，到每天都帶，我發現透過便當，父女之間的感情更加親密。每天我都會和女兒商量菜色、檢討當日口味，透過便當甚至能了解女兒的健康狀況、在學校作息，當然，便當也讓我得到很多練肖話的靈感。

便當菜都是每日早晨烹調，以保溫便當盒裝盛，中午不覆熱。因為到了一個年紀後，早晨公雞還沒啼，我就會醒來，索性起床幫女兒做便當和早餐。

我大概花30分鐘做菜。
半小時夠嗎？當然夠，因為前一天睡前就想好了菜色，該怎麼備料、入鍋順序，全都在腦海裡規劃妥當，早晨進了廚房就能按部就班、好整以暇處理食材。重要的是每天都讓腦子動一動，可降低老人癡呆的風險。

菜餚裝入便當盒裡可稍微擺盤,但不花時間做造型。

女兒是班上唯一自己帶便當的學生,所以希望便當愈低調愈好,最好不要引起同學矚目,好吃比好看更重要。卡通造型便當不但有侵權之慮,且太耗時,把省下的美國時間拿來賴床多好。

女兒討厭吃紅蘿蔔,我總是開玩笑要準備紅蘿蔔全餐,常嚇得她求饒大喊「毋湯」,但我深知「己所不欲,勿施於人。」我也不喜歡吃紅蘿蔔,做父母自己都辦不到的事,又何苦強求孩子辦到,況且還有很多蔬果能攝取到同樣的養分。

這樣幫女兒帶便當,會不會讓她變得很挑嘴?

不會!沒有比較沒有傷害,女兒這樣才懂得什麼是美味的食物,況且不可浪費食物、不能玩食物是底線。

朋友笑我這般寵女兒,以後怎麼找另一半?

我跟女兒說:「世界上最愛妳的男人已經娶了妳媽,想吃就自己煮。」女孩兒要靠自己,以後會逐步教妳自己動手做,做出我們家的味道。

現在我可以回答為什麼每天幫女兒做便當了,因為太早起床睡不著、因為怕老人癡呆、因為做便當很有趣。

因為,這是身為父親愛女兒的表現。

自己動手做便當並不難,就從一星期一次開始吧。

Contents

Chapter 1
地方爸爸的料理碎碎念

Chapter 2
餓童家便當菜

1. 小餓童最愛

2. 餓童好方便料理

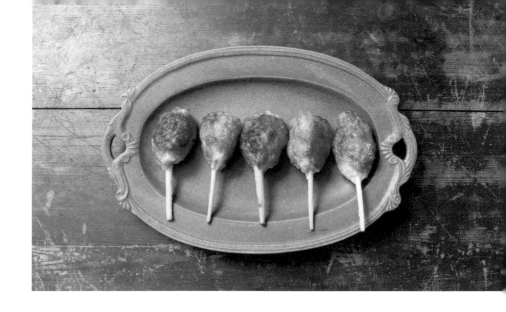

3. 餓童私房料理

地方爸爸的
料理碎碎念

煮出好吃的米飯，

絕對是幫便當加分的一大重點。

看地方爸爸餓童如何煮好吃的飯，

並分享能夠快速料理的便當三寶是什麼？

以及讓做便當更加得心應手的

廚房小工具是哪些？

煮一鍋
{好吃的米飯}

做好一個便當,米飯是最基本、也是最重要的。

我通常使用鑄鐵鍋、土鍋或電子鍋煮飯。承蒙日本海外唯一拿到日本米食味鑑定士協會認證水田環境鑑定士、日本米食味鑑定士雙重資格的簡碩宏指導,從選米、洗米到炊飯,我很自豪煮出來的米飯讓女兒吃得很滿意。

只要掌握洗米方式、浸泡時間和水量,就能煮出一鍋美味的米飯。

洗米到煮米的關鍵步驟

洗米 鍋子注滿水再放米掏洗。第一次清洗是去除米粒表面髒汙，盡量縮短米粒與水接觸的時間，快速掏洗幾下即可換水再清洗，約重複清洗 5 次，若洗太多次易產生碎米。清洗時不搓揉，以免米粒破碎，但糙米清洗時需搓洗，使表面糠層破裂才能吸水進去。洗淨後以濾網瀝乾，靜置約 5 分鐘。

水量 使用過濾水，不建議使用礦泉水，礦物質或許會影響水的軟硬度；也不建議加油，易影響米原本的風味。基本方式是使用量米杯以容積計算，一般電鍋或電子鍋附贈的量米杯為一合，即 180ml（毫升），屬於容量計量單位，180ml 的米約 150 克重。

一般白米屬於蓬萊米（粳米），米水比為 1：1，即 1 杯米加 1 杯水，視米種不同略增減。但講究一點就得使用電子秤，米和水皆以重量比計算。以下皆以重量比建議水量：

品　名	米　量	水　量
少女之心（高雄147號）	300克	350克
台農77號	300克	360克
高雄139號	300克	350克
牛奶皇后	300克	340克
台中194號	300克	340克
新之助	300克	355克

浸泡 米洗淨後以濾網瀝乾，靜置 5 分鐘，加入建議的水量，夏天浸泡 30 分鐘、冬天泡 50 分鐘。牛奶皇后屬於半粳半糯，洗淨後不需浸泡，可直接烹煮；台中 194 號雖是粳米，但不需浸泡，可直接烹煮；糙米需先以 40℃溫水浸泡 30 分鐘以上。

炊飯 烹煮時間視使用的鍋具而定。以土鍋、砂鍋或鑄鐵鍋煮飯，當開始冒小水泡微滾時，可使用打蛋器稍微攪拌讓米粒受熱均勻。若使用電子鍋，使用一般炊飯功能即可。

燜飯 使用電子鍋炊飯，時程結束立即關閉電源、打開鍋蓋鬆飯再燜 10 分鐘。土鍋、鑄鐵鍋等鍋具，則是關火後燜 10 分鐘再鬆飯。

鬆飯 燜飯後，使用飯匙以小範圍切拌方式鬆飯，或先劃分成 9 宮格，分區鬆飯，飯匙入鍋勿壓飯，鬆飯後可在鍋子與鍋蓋之間蓋一張紗布或廚房紙巾吸收蒸氣，蓋起再燜 5 至 10 分鐘。

常用炊飯鍋具

電子鍋：好處是可預約炊飯時程。前一晚睡前將米洗淨、加水，即可放入電子鍋，預約在起床時間炊好，即可關閉電源、鬆飯。

益子燒炊飯土鍋：日本益子燒 kamacco 的 1 合炊土鍋，這款炊飯土鍋有兩層鍋蓋，皆可當碗使用，可直接以內層鍋蓋量米、量水，內層鍋蓋裝滿米約 150 克，裝滿水約是 175 克，米水比約 1：1.1，適用多數米種。米洗淨後，一鍋蓋米加一鍋蓋水浸泡，將兩層鍋蓋蓋起後，放瓦斯爐上，以最小火炊 20 分鐘，關火燜 10 分鐘，掀蓋鬆飯再燜一下即可品嘗。

staub 18cm：使用鑄鐵鍋煮飯，宜使用中小火，勿開大火。18cm 鑄鐵鍋最多約可煮 2 合的米，即量米杯 2 杯。米先洗淨、浸泡，全程加鍋蓋，以中小火煮滾，可掀蓋觀察是否已煮滾，煮滾即轉最小火，再煮約 8 分鐘，關火燜 10 分鐘，掀蓋鬆飯再燜一下。

雲井窯鴨釉 /2 合：被譽為炊飯神器，煮出的米飯粒粒分明、水分飽

滿。即便在日本也多半得預約才買得到，若看到現貨千萬別猶豫，買就對了。一般建議方式是米加 1.2 倍的水，浸泡20 分鐘以上，以大火煮至微滾，約 10分鐘，轉最小火煮 10 分鐘，關火燜 10分鐘，鬆飯後再燜一下。我多半依照米種特性搭配水量，只要微滾即使用攪拌棒攪拌，便轉最小火，以免產生鍋巴。

鑄鐵釜鍋：可煮 1 杯米，以中小火煮至中心微冒泡，約 5 分鐘，利用小攪拌棒拌勻，蓋上木蓋，轉小火煮 6 分鐘，關火燜 10 分鐘，打開鬆飯，蓋起來再燜10 分鐘。

MUJI 無印良品炊飯土鍋 /1.5 合：可直接放在爐火上，米加水先浸泡 20 分鐘以上，全程使用中小火，約煮 10 至 12分鐘，關火燜 20 分鐘。若煮 12 分鐘略有鍋巴，我通常煮 11 分鐘即關火。

｛ 地方爸爸的便當三寶 ｝

女兒上小學吃了一天學校營養午餐後，就希望我能幫她準備便當。

通常都是早晨起床花 30 分鐘準備，以保溫便當盒裝盛，中午不復熱，菜餚多半還能保持溫熱；若時間允許或睡晚了，偶爾會中午親送便當。學生用餐時間其實有限，分量不需太多，也無需大魚大肉。我也不花時間做卡通、花俏造型，一方面是女兒希望低調，再來是精雕細琢修下的邊邊角角勢必浪費食材，沒有理由讓大人撿剩料，把時間省下來多睡十分鐘都好。

每天約花半小時做便當，我的便當三寶是絞肉、火鍋肉片、雞蛋，能幫助快速上菜。女兒的便當通常會準備一菜、一蛋、一肉。

青菜不見得天天帶，通常會挑選烹調後放一段時間也不易影響口感的青花菜、青江菜，或是櫛瓜、小黃瓜等蔬菜。我的想法是一餐不吃青菜也無妨，反正晚餐都會吃。肉類是主菜，以豬肉、雞肉、牛肉為主。雞蛋則可做成太陽蛋、蛋卷、蒸蛋、炒蛋、烘蛋或生熟蛋等。

超市購買的絞肉是萬用食材，每盒約 300 克至 350 克，足以製作 3、4 天的便當主菜，蒸肉、煎肉餅、做丸子、滷肉臊，變化相當多，但天天吃絞肉易膩，我也不愛每天做一樣的菜餚，為了延長賞味期限且不進冷凍庫，買回家會先加醬油、酒等密封冷藏，可將保存期限延長至 3、4 天左右。除了加醬油和酒，也可適量加些糖，或是蒜片醃漬，好處是烹調時不需再調味，能有效縮短做便當的時間。

火鍋肉片較薄，一下子就熟了，也是快速上菜的好幫手，同樣加醬油、酒和蒜頭等冷藏醃漬，隔天一早煎烤，3 分鐘就是香噴噴的烤肉。火鍋肉片煎烤炒皆宜，也可包捲其他食材。就算忘了醃，加醬料醃一下也能入味。

基本醃漬：絞肉

材料：絞肉300克、醬油1大匙、米酒1大匙、
　　　糖1小匙、蒜頭1瓣

做法：醬油、酒、糖加蒜泥拌勻，拌入絞肉，
　　　冷藏約可保存3、4天。

醃過的絞肉可拌入剁碎的蔭瓜，蒸15分鐘就成了瓜仔肉。

絞肉鑲入三角豆腐裡蒸熟，就是美味的釀豆腐。

絞肉加一點蔥花鑲入香菇，香煎或炊蒸都可口。

基本醃漬：火鍋肉片

材料：火鍋肉片300克、醬油1大匙、米酒1大匙、糖1小匙、蒜頭1瓣

做法：肉片加醬油、酒、糖和拍碎的蒜頭拌勻，冷藏約可保存3、4天。

醃好的肉片包捲米飯煎熟，就是大受歡迎的烤肉飯團。

{ 廚房小工具 }

工欲善其事，必先利其器。使用習慣的廚具，能讓做便當更順手。因長年經營臉書《蘋果花愛鑄鐵鍋》等社團，所以我都使用琺瑯鑄鐵鍋、南部鐵器、碳鋼鍋等健康鍋具燉煮煎烤，且不使用不沾鍋。家裡也沒微波爐，若要覆熱菜餚則利用電鍋、蒸鍋。

我最常使用的煎鍋是德國 turk 和法國 de Buyer，燉煮則使用 staub 琺瑯鑄鐵鍋，另外也有不少南部鐵器，像是鳳文堂玉子燒鍋、OIGEN 迷你方鍋都很適合做玉子燒，至於紅豆餅鍋更是好用，可同時煎蛋、炒菜做 4 樣菜。而鯛魚燒鍋、雞蛋糕烤盤則是讓煎蛋變化造型的好幫手。

女兒很喜歡吃生熟蛋，也就是常見的溫泉蛋。便當帶咖哩、紅醬義大利麵時，都很適合搭配一顆生熟蛋；若是淋些醬油、灑胡椒粉，以吐司沾食，也是營養豐富的早餐。製作生熟蛋除了燒一鍋水浸泡，通常我是使用馬來西亞發明的 Half Boiled Egg Maker。這個容器類似漏斗，最多可放 4 顆雞蛋，只要依刻度注入滾水，當水完全滴落後，即能輕鬆完成生熟蛋，是做便當、早餐絕佳的工具。

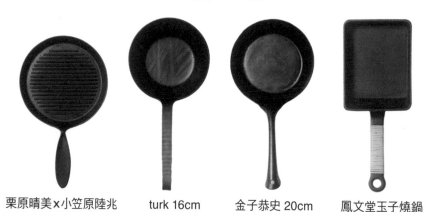

栗原晴美x小笠原陸兆　　turk 16cm　　金子恭史 20cm　　鳳文堂玉子燒鍋
煎烤盤

紅豆餅烘蛋　　　　　紅豆餅鍋

鯛魚燒鍋　　　　　魚形烘蛋

生熟蛋

生熟蛋製造器

花朵烘蛋

花朵雞蛋糕鑄鐵烤盤

｛ 懶人調理包 ｝

偶爾早晨起床遲了、發懶了，炒泡麵是快速做便當的選項之一，出前一丁麵條稍煮開撈起，加上蛋、蔬菜、肉快炒，不用 10 分鐘即可完成，不但女兒心滿意足，在學校打開便當盒也總是吸引同學們羨慕的眼光。

天使細麵也是能快速烹調的好食材，滾水煮 3 分鐘即可。煮麵時另一爐爆香蒜片、洋蔥、培根等，待天使細麵煮好，撈起入鍋快速翻炒，花不到 10 分鐘就能完成。

現在有許多餐廳推出自家招牌料理冷凍包，我也會選用，通常只要前一晚放冷藏解凍，隔日早晨覆熱便能輕鬆完成便當。像是在大台北有多家分店的呈信鵝肉，便推出冷凍鵝肉飯即享包，包含白飯、鵝肉、油蔥酥和鵝高湯，可微波覆熱。但我不使用微波爐，而是以滾水浸泡覆熱。水煮滾後，放些高麗菜燙熟，撈起瀝乾，關火後放入鵝肉包、高湯包浸泡5 分鐘，就能取出，撕開袋子將鵝肉鋪在白飯上、灑油蔥酥，澆些鵝高湯，高麗菜則拌剩餘的高湯調味，再煎顆荷包蛋，就是口味媲美店家的銷魂鵝肉飯。

另外，台南知名的赤崁擔仔麵也有經典滷肉冷凍包，解凍後以熱水浸泡5 分鐘，將肉臊淋在米飯上就成了滷肉飯，或是當成燙青菜的調味料。赤崁擔仔麵的肉臊使用包含瘦肉的皮油，燉得蠻不錯的，皮脂與瘦肉都是入口即化，相較北部口味，台南肉臊甘甜味較凸出，香料味沒有很重，可惜女兒不愛香菜，否則香菜鋪在白飯上，再澆淋熱騰騰的肉臊，那香氣更是逼人。

台南風味肉燥冷凍包,肉燥澆在白飯上就是香噴噴的滷肉飯。

鵝肉即時包只需浸泡熱水5分鐘。

餓童家便當菜

猜猜小餓童最喜歡的便當菜有哪些？
就算冰箱食材不多，還是能料理好吃的便當菜！
曾為美食記者的餓童，更分享了私房料理，
餓童家便當菜充滿著故事與幸福的滋味。

不想分別人吃的蒸蛋

配菜／蔥爆牛肉、菜飯

我問女兒：「如果讓妳自己做便當，一肉一菜一蛋，妳會做什麼菜？」

女兒笑說：「烤肉、青江菜、蒸蛋，都是我最喜歡的。」

「那妳要怎麼做呢？」我很好奇。

「肉片就前一天的晚上加醬油醃一醃，隔天就好了啊。」她一派輕鬆說。

「不用烤或煎嗎？」我問。

「對吼，青江菜就洗一洗，然後剝成小塊，炒一炒就好了。」她繼續說，「蛋就打一打，放進電鍋啊。」

「這麼簡單，那以後妳就自己做便當囉。」我笑說。

「不要！」女兒斬釘截鐵說，「你煮的比較好吃，還是你煮啦。」

然後女兒抱著我。

可惡，爸爸投降了。

女兒說：「蒸蛋要那種很嫩很嫩的，還有，蒸的時候就要加醬油，不要蒸好才淋醬油。」

我問：「若妳便當帶蒸蛋，同學會來分嗎？」

「不會。因為他們知道我不會分蒸蛋。」女兒淡淡的說，「若是便當帶烤肉，就有很多同學搶著來分，害我都吃不太夠。」

據說，學校營養午餐只要有蒸蛋，班上同學都會吃得特別快搶第二輪。

「學校的蒸蛋好吃嗎？」我問。

「不好吃！」女兒面無表情回答。

「妳吃過嗎？」我很納悶，女兒又沒訂學校午餐，怎麼知道味道。

「當然沒吃過！」她說，「裡面摻了好多紅蘿蔔，怎麼會好吃啦！」

醬油蒸蛋

🕐 15分鐘　👍 難易度：★　🍳 器具：電鍋

材料（1人份）

蛋......1顆

水......蛋汁的2倍

醬油......1小匙

作法 Step by Step

1／ 敲開蛋殼，蛋汁入碗，加醬油，取半顆
蛋殼裝水，加4次水打勻。

2／ 以濾勺過濾蛋汁，撈除表面泡泡，放入
電鍋。

3／ 外鍋約加量杯4至5格水，蓋上鍋蓋時墊
一根木筷，蒸約12分鐘。

Point

蛋汁和水的比例為1：2。

1.加醬油

Finish

洋蔥圈煎蛋

  10分鐘　 難易度：★

1人份　　器具：turk 26cm煎鍋

1. 微煎

2. 洋蔥圈放蛋汁

3. 加料煎熟

材料 Ingredients

洋蔥圈............. 4圈

蛋..................... 1顆

培根...................1片

奶油起司........20克

作法 Step by Step

1/ 培根切小塊稍微煎一下後取出。

2/ 洋蔥圈入鍋，倒入一些蛋汁小火煎至凝結。

3/ 放入培根、奶油起司，再倒入剩餘的蛋汁煎熟。

2

用嘴吃的麵

配菜╱漢堡排、燙油菜、炒洋蔥、太陽蛋

我很喜歡練肖話，像是跟女兒說：「我做花生約翰的漢堡給妳吃。」
女兒問：「什麼是花生約翰？」
我說：「就是花生 John 呀。」
太太在一旁，白眼都翻到後腦勺了。

我每次教女兒英文都會被太太罵。以前想教「兔子」的英文時，我就微笑伸出右手比「2」，正想唸出來時，老婆居然大老遠就目露凶光、狠狠瞪著我，害我一句到了嘴邊的「playboy」硬生生吞回去，只能在心裡大聲怒吼，「兔子不就是 playboy 嘛！」

偶爾，女兒便當會想吃拌麵，「用花生醬拌的那種，還要加蒜頭唷。」女兒點菜了。
我問：「用天使細麵好不好？」
女兒說：「不是義大利麵啦，是那種白白的麵條。」

白麵條嗎？我覺得使用天使細麵放到中午比較不會黏成一坨，可女兒堅持要吃白麵條。
好吧，水煮滾後先燙青菜，撈起來再煮麵。
下麵條前先撈起 3 大匙熱水，加 1 大匙花生醬、醬油、糖水、蒜泥調成醬汁。

出門前，跟女兒說：「希望麵不要黏成一坨，不然不知道怎麼吃。」
女兒淡淡說：「當然是用嘴吃啊。」
一旁的太太忍俊不禁，噗哧一笑。
女兒出門後，太太說：「你再練肖話啊，女兒都學你。」
那我以後改說文言文好了。

花生醬拌麵

🕐 10分鐘　👍 難易度：★　🍳 器具：湯鍋

材料（1人份）

白麵條......1把（約80克）

無糖花生醬......1大匙

熱水......3大匙

醬油......1大匙

糖水......1大匙

蒜頭......1瓣（壓泥）

蔥花......少許

作法 Step by Step

1／煮滾一鍋水，撈3大匙熱水加入花生醬拌開，加醬油、糖水、蒜泥拌成醬汁。

2／麵條放入滾水煮熟，撈起瀝乾。

3／麵條加醬汁拌勻，灑蔥花即可。

Point

宜選用無糖花生醬，使用方式類似芝麻醬。

Finish

貓王三明治

🕐 10分鐘　　👍 難易度：★

🍴 1人份　　🍳 器具：抹刀

材料 Ingredients

吐司..................2片

無糖花生醬...2大匙

葡萄果醬........1大匙

香蕉..................1條

作法 Step by Step

吐司1片抹花生醬、1片抹葡萄果醬，夾入香蕉片後切半，表面再分別抹上花生醬和葡萄果醬，鋪香蕉後疊起。

3

豆乾肉絲不要肉

配菜／蝦餅、青江菜、太陽蛋、甜橙

女兒是班上唯一帶便當的學生，即便是平凡的菜色，她也能吃得津津有味。午餐時間，常常有同學先繞過來看看她的便當。

有回接女兒下課，她突然呵呵笑了起來，「好多同學都問說能不能請你幫他們做便當，要我把你捐出去，這樣午餐就會吃得很好了。」她笑著說，「我才不肯咧。」
哪個爸爸聽到這句話能不融化的。
即便做便當做到沒梗了，還是要繼續下去。

鮮蝦，做沒月亮的月亮蝦餅。就是把蝦仁拍碎，加少許鹽、胡椒、太白粉拌勻煎熟。
雞蛋，做沒有太陽的太陽蛋。
豆乾，做沒有肉絲的豆乾肉絲，就是炒豆乾絲。豆乾一切四薄片，再切絲，加醬油、紹興酒燒乾。
沒有星星、月亮、太陽和肉絲，女兒說：「很好。只要有炒豆乾絲，就可以吃光一碗飯了。」

帶小朋友們上中菜館子，豆乾肉絲是必點的菜色，而且要交代不加辣、不加胡椒。只要有豆乾肉絲，幾乎所有小朋友都能乖乖把飯吃完，甚至添第二碗飯。即便無肉不歡，有趣的是女兒和她的閨蜜們唯獨這道菜只揀豆乾絲，反倒留下了肉絲讓大人們收拾。

「要是有豆乾肉絲不要肉就好了。」女兒在餐館翻菜單常這麼說。
「不要當奧客啦，廚師會很困擾，只賣炒豆乾絲不好定價。」我笑說，「不然妳下次自己點餐，試試點蛋餅不要蛋、京都排骨不要排骨、蝦醬空心菜不要菜。」
女兒噗嗤一笑，「你才是奧客。」

炒豆乾絲

🕐 10分鐘　　👍 難易度：★　　🍳 器具：turk 16cm煎鍋

材料（1人份）

豆乾......1片

蒜頭......1瓣

醬油......10ml

紹興酒......5ml

蔥段......少許

作法 Step by Step

1／豆乾一切四薄片，再切成絲，蒜頭拍碎。

2／熱鍋下油，放豆乾絲和蒜、蔥段炒至變色。

3／淋醬油炒至收乾，起鍋前熗入紹興酒。

Finish

1. 切片

2. 熱油炒

3. 紹興酒熗鍋

4

別無所求的蒸蝦

配菜／菜飯、甜橙

女兒從小不愛吃蝦，只喜歡幫別人剝蝦。有一年除夕，買了跟手臂一樣長的野生大草蝦，剖半做成蒜泥蒸蝦，女兒自此像是打開了開關，開始喜歡吃蝦。

周日早晨帶著女兒到菜市場逛逛，女兒說：「別無所求，只想吃蒜泥蒸蝦。」
繞了兩圈市場，最後買了一斤多的蝦。
每隻蝦都剪除蝦頭尖刺、頭鬚和腳，剖半。
蒜頭壓成泥，加醬油和米酒拌成醬汁。
盤底墊豆腐，排滿蝦，再均勻淋上醬汁，滾水蒸熟，掀蓋灑些蔥花再燜一下。
蝦肉嫩彈，豆腐吸飽蒜香，就連醬汁也下飯。
女兒說：「好吃，好吃得不得了，世界無敵好吃。」

蒸蝦不難，麻煩的是準備功夫，去除蝦頭尖刺和腳，吃來才優雅。
這般美味的菜餚也能帶便當，只要宣布便當帶蒜泥蒸蝦，女兒便會發出歡呼聲，「但我想要能吸很多醬汁的寬粉，豆腐比較不容易入味。」她說。
「但我擔心等到中午吃飯時，湯汁都被吸乾了。」我說，「湯汁拌飯多好吃呀。」
女兒彷彿想像將湯汁淋在米飯上，飯粒裹附濃郁蝦鮮蒜味，沒一會兒就點點頭。

考量在學校用餐，鮮蝦都去頭去殼，吃來較方便，摘下的蝦頭也一起蒸，釋出的蝦膏能讓風味更好，大火蒸熟後再挑出蝦頭。
再炒株青江菜拌入白飯做成菜飯。
很香。

蒜泥蒸蝦

🕐 20分鐘　　👍 難易度：★★　　🥄 器具：蒸鍋、榨蒜器

材料（1人份）

鮮蝦……6隻

寬粉……1把（或嫩豆腐半盒）

蔥……半根

蒜頭……4瓣

醬油……1大匙

蠔油……1大匙

米酒……1大匙

作法 Step by Step

1／蒜頭壓成泥，加醬油、蠔油、米酒拌勻成醬料。

2／蝦去頭鬚和腳，剪除蝦頭尖刺，對剖。蔥切末。

3／寬粉煮軟墊在盤底，若鋪豆腐則切塊。

4／寬粉或豆腐上頭鋪剖半的鮮蝦，淋拌勻的醬料。

5／放入水已煮滾的蒸鍋，以大火蒸5分鐘，灑蔥花蒸30秒。

Point

使用較小隻的沙蝦蒸約5分鐘，若是大一點的草蝦或白蝦，蒸6～7分鐘。

1.拌醬料

2.切蝦

4.淋醬料

Finish

5.蒸煮

金沙蝦

🕐 20分鐘　　👍 難易度：★★★

🍴 2人份　　🍳 器具：山田中華炒鍋36cm

材料 Ingredients

鮮蝦	8隻
鹹蛋黃	2顆
蔥絲	少許
薑末	少許
蒜末	少許

1. 捲蝦

2. 炒金沙

作法 Step by Step

1／鮮蝦去殼留頭尾，從蝦背片開，挑除泥腸，將蝦尾穿過蝦身。

2／熱油鍋，鹹蛋黃壓碎炒至起泡泡，放入薑、蒜和蝦一起炒勻，起鍋前灑蔥絲即可。

嫩彈的蝦肉裹附了鹹蛋黃，吃來格外涮嘴，是絕佳便當菜，亦可換成杏鮑菇，同樣可口。

5

比餐廳還好吃的義大利麵

配菜／蘋果汁

雖然每天都幫女兒帶便當，但我們假日也常外食，我深信多吃不同食物才能豐富味蕾體驗，而且絕不點兒童餐，也不使用美耐皿兒童餐具。部分餐廳的兒童餐常以薯條、炸雞塊充數，根本就是扼殺小朋友的味覺。

女兒從小就跟大人一樣使用陶瓷、玻璃器皿，因為有重量，反倒養成良好使用習慣，至今從未打破任何一個杯、碗，相較於美耐皿，也不必擔心能否承受高溫。

在餐廳點餐的原則就是能快速上菜，小朋友都不耐久候，女兒大概最愛松露燉飯、奶油義大利麵等，且配料愈少愈好。
所以當我宣布便當帶明太子義大利麵時，女兒不禁歡呼起來。

我問：「妳知道明太子是什麼嗎？」
「知道啦，鱈魚卵做的。」女兒呵呵一笑，「我小時候還以為是鮭魚卵，反正都是魚卵。」
我說：「那妳知道明太子其實都加了辣椒粉、色素，才會紅通通的嗎？」
女兒說：「但你調的醬汁不會辣呀，反正不是天天吃。不過，我天天吃也沒問題。」

我調的醬汁只有明太子和鮮奶油。將明太子刮下去除薄膜，拌入打發的動物性鮮奶油即可，味道單純，既有奶香，又能化解明太子的辣度。

女兒說：「比餐廳賣的還好吃。」

明太子義大利麵

🕐 20分鐘　　👍 難易度：★　　 器具：手持攪拌棒、湯鍋

材料（2人份）

天使細麵......140克

明太子......80克

動物性鮮奶油......100ml

鹽......5克

作法 Step by Step

1／ 將明太子刮下，去除薄膜。

2／ 鮮奶油打發，加明太子拌勻。

3／ 煮一鍋滾水加鹽，放入天使細麵煮3分鐘，撈起。

4／ 將明太子鮮奶油拌入細麵即可。

Point

若有綠紫蘇葉，可切細絲拌入麵條，或是搭配海苔絲，風味會更佳。

1.刮明太子

2.打發鮮奶油

草莓拌飯

變化菜色

 80分鐘　　難易度：★

2人份　　器具：益子燒炊飯土鍋

材料 Ingredients

米　飯／ 少女之心白米..150克　水......175克

拌飯料／ 大草莓.................2顆　酪梨....半顆

小黃瓜.............15克　洋蔥....15克

檸檬片.................1片

醬　汁／ 昆布醬油..........15ml　蜂蜜......5克

檸檬汁..............半顆　香油......3滴

作法 Step by Step

1／ 米快速淘洗3次瀝乾，靜置10分鐘，加水浸泡30分鐘。以益子燒炊飯土鍋最小火煮20分鐘，關火燜10分鐘，切拌散發蒸氣後，再燜5分鐘，放涼。

2／ 草莓、酪梨、洋蔥、小黃瓜、檸檬皆切成小丁。

3／ 水果丁、蔬菜丁拌入白飯，再拌入拌勻的醬汁。

2. 切丁

6

滿分烤肉飯

配菜／生熟蛋、烤櫛瓜、烤青花菜、小番茄

我問：「早餐吃肉蛋吐司好嗎？」

女兒說：「附近早餐店買的嗎？我不想吃。」

我說：「我做的啦。」

女兒立刻點頭，看了之後卻說：「這才不是肉蛋吐司。」

日本 A5 和牛前胸肉片、醬油漬蛋黃、吳寶春不老吐司。

有肉、有蛋、有吐司，怎麼不是肉蛋吐司呢？

女兒：「……。」

和牛火鍋肉片油花豐富，沾點醬油烤單面就可以品嘗，但平常帶便當多半使用超市販售的五花或梅花火鍋肉片，前一晚加點醬油、酒、糖和蒜頭醃漬，早晨只需煎烤一下，不消 3 分鐘就能完成，是相當快速的便當菜。

女兒曾表示有兩種便當是絕對絕對不會分同學的，「一個是烤肉飯、另一個是咖哩飯。」烤肉飯是她心目中最愛的便當之一，曾被她評價為「100 分」，雖然每次帶烤肉飯，總有男同學想來分一片肉。

肉片烤好可搭配洋蔥絲、蔥花，或是再來一顆生熟蛋，甚至包捲飯團，都是百吃不膩的口味。做便當時多煎烤幾片夾入麵包，也是女兒超愛的早餐。

烤肉飯

🕐 10分鐘　👍 難易度：★　🍳 器具：煎烤盤

材料（3人份）

五花火鍋肉片......200克

醬油......15ml

清酒......10ml

蒜頭......2瓣

糖......5克

生熟蛋......1顆

蔥花......少許

作法 Step by Step

1╱ 肉片加醬油、清酒、蒜頭、糖，至少醃漬
　　10分鐘，最好醃漬一夜。

2╱ 煎烤盤燒熱，放肉片煎烤至熟即可。

3╱ 烤好的肉片鋪在白飯上，打上生熟蛋，灑
　　蔥花。

Point

清酒可換成米酒，肉片可更換為梅花肉或里肌肉。

1. 醃漬

Finish

烤櫛瓜

 10分鐘　　 難易度：★　　🍳 器具：煎烤盤

材 料 Ingredients（1人份）

櫛瓜..........半條　　鹽之花..........少許

作 法 Step by Step

1／ 櫛瓜切片，約0.5公分厚。

2／ 煎烤盤充分燒熱，轉小火，放櫛瓜片。

3／ 表面出水後，翻面再烤，灑鹽。

肉蛋吐司

做早餐

🕙 10分鐘　　👍 難易度：★　　🥄 器具：煎烤盤

材料 Ingredients（1人份）

吐司.....1片　　日本A5和牛前胸肉片.....3片

蛋黃.....1顆　　醬油.....適量　　味醂.....5ml

作法 Step by Step

1／蛋黃加醬油浸泡醃漬一夜，撈起成漬蛋黃。

2／將吐司烤至表面呈金黃色。

3／牛肉片沾少許醬油和味醂，以煎烤盤烤單面，呈粉紅色澤起鍋。吐司鋪牛肉片、漬蛋黃即可。

Point

可換成豬五花肉片或梅花肉片，亦可使用生蛋黃。

7

神奇紅蘿蔔

配菜／冰糖豬腳、炒時蔬、蘋果

女兒不喜歡紅蘿蔔，切塊不吃、刨絲不吃、切末不吃，就算沒有紅蘿蔔味也不吃，甚至把紅蘿蔔視為食物殺手。

其實我自己也不是很愛紅蘿蔔，當父母的自己做不到，又何必勉強孩子，但我總喜歡作弄她。

「便當菜做了滷紅蘿蔔，整根的唷！」我開心跟女兒宣布。
「哼。」女兒淡定說，「少騙我了，不可能。」

「真的啦。」我一臉誠懇。
「紅蘿蔔那麼大根，怎麼可能整根去滷。」女兒噗嗤一笑。

「我買的是澳洲紅蘿蔔，小小根的，之前煮咖哩就是用這種紅蘿蔔。」我說。
「真的嗎？」女兒信心開始動搖。
我點點頭。

「一定是那個那個什麼。」女兒急了，卻說不出答案。
「逗妳的啦。」我端出鍋子。

「我就知道是滷豬尾巴。」女兒鬆了一口氣。
「下次我真的滷整根紅蘿蔔，看看妳是否能認出來。」我說。

「毋湯啦。」女兒說。

滷豬尾巴

 120分鐘　 難易度：★★　器具：staub 18cm鑄鐵鍋

材料（4人份）

豬尾巴......500克

醬油......100ml

紹興酒......100ml

熱水......適量

蔥......1支

蒜頭......3瓣

薑......3片

冰糖......15克

油......少許

作法 Step by Step

1／豬尾巴入滾水汆燙，撈起沖水洗淨。

2／熱鍋放油，放冰糖以小火炒至融化變褐色。

3／放入豬尾巴翻炒一下，使表面上色。

4／加醬油、紹興酒、蔥、薑、蒜，加熱水蓋過豬尾巴煮滾。

5／轉小火煮50分鐘，關火燜30分鐘，再次煮滾即可。

這真的是滷豬尾巴！

1. 汆燙

2. 炒糖色

3. 翻炒

4. 燉滷

Finish

甘蔗豬腳

🕐 80分鐘　　👍 難易度：★★

🍴 4人份　　🍳 器具：staub 22cm琺瑯鑄鐵鍋

材料 Ingredients

豬腳	900克	蔥	1支
醬油	150ml	蒜頭	3瓣
紹興酒	150ml	薑	3片
熱水	適量	甘蔗	4小段

作法 Step by Step

1. 豬腳以冷水煮至微滾後，撈起沖水洗淨。

2. 豬腳加甘蔗、醬油、薑片、蔥和蒜，以中小火煮10分鐘，並不時翻攪使醬色均勻。

3. 加入紹興酒，再加熱水蓋過豬腳煮滾，撈除浮末，蓋上鍋蓋，轉小火煮60分鐘，關火燜一夜即完成。

Point

甘蔗可改以15克冰糖取代。
隔日取欲食用的分量，以電鍋蒸熱。

8

女兒的暑假作業

配菜／肉圓、大腸圈、豬肚帶、豬舌、豬皮、豬肺、青江菜、
葡萄、五味菊花茶

偶爾女兒便當也會帶市售菜餚，像是基隆特色小吃。

我說：「我們基隆的大腸圈最好吃了，裡頭沒有惱人的花生。妳知道為什麼叫大腸圈嗎？」

女兒：「因為一條條像大腸，切了變一圈圈的。」

哈哈，它本來就是用腸衣灌製的啦。

吃大腸圈還會搭配豬內臟，我最愛豬肺，基隆店家處理後的豬肺又軟又綿，特別好吃。

女兒說：「我最愛豬心！鹽焗豬心，你做的。」

是呀，豬心是女兒每年圍爐指定的開胃菜，甚至也曾當過她的暑假作業。

我小時候都是在剛放暑假的前幾天就把暑假作業寫完。選擇題就依序填1234，每天日記都寫「我今天做的事和昨天一樣，都在玩。」書法就用麥克筆描一遍。我的想法是都升新的年級了，老師才不會去看舊學年的東西。

暑假，就要好好的玩。

女兒也學到了這點，暑假都在玩。但，她把暑假作業留到最後幾天才寫。我是無所謂，媽媽可就緊張了。

女兒有項作業是和家人一起做菜，女兒便指定做鹽焗豬心。採買、洗淨、填胡椒、鹽封、烹煮，全都讓她來，2顆豬心出爐後切片拍照，洗出照片貼在自製本子寫故事。趕在暑假最後一天晚上終於完成了作業。

女兒個性較謹慎、不愛主動發言、不喜爭取出頭機會，但這回她卻表示想要第一個上台報告暑假作業，真是難得。

鹽焗豬心

🕐 50分鐘　　👍 難易度：★★★　　🍳 器具：muji無琺瑯鑄鐵鍋20cm

材料（8人份）

豬心......2顆

粗鹽......1000克

白胡椒粒......適量

作法 Step by Step

1／ 豬心徹底沖水洗淨，每條血管皆沖水，務必掏出血塊。

2／ 豬心擦乾，血管內塞入白胡椒粒，可使用竹牙籤封口。

3／ 鐵鍋鍋底鋪一張鋁箔紙，鋪一層粗鹽，放入豬心。

4／ 再蓋滿粗鹽。

5／ 加鍋蓋，以最小火加熱焗40分鐘，時間到關火，再燜5分鐘。

6／ 取出豬心，拍除表面粗鹽，放涼切片。

Point

鍋底墊一張鋁箔紙是為了事後方便清理鍋子。全程使用小火，若1顆豬心大約35分鐘，2顆豬心約40分鐘，關火後再燜5分鐘。可將竹籤插入豬心，抽出後若未浮出血水即代表熟了。

1. 洗淨

2. 塞白胡椒粒

3. 入鍋

4. 蓋滿粗鹽

6. 放涼

Finish

9

深夜滷牛腱

配菜／蔥花蛋、三寶醬、青江菜、南瓜飯

夜裡滷了一鍋牛腱。

女兒睡前坐立難安，頻頻在廚房外探頭探腦，直問「你在煮什麼？好香。」

「我在滷牛腱，要給外公吃的。上周外公住院檢查身體，出院了要補一下。」我說。

「我的便當會有牛腱嗎？」女兒問。

「可是加了辣豆瓣，帶點辣。」我說，辣度非常低，外公會很樂意給妳吃的。

明明知道是滷牛腱，女兒睡著前，還是一直問媽媽：「有一股好香的味道，是什麼東西？」

得知是紹興酒香氣，她居然說：「吼，我一定會醉到睡著。」

滷牛腱不難，只要把握一個原則「火候足時它自美」，細火慢燉，燜上一夜，就會是長輩、小朋友都能輕易咀嚼的質地。一次滷上幾顆，凍起來當成常備菜，解凍就能品嘗，或是搭配蔥、蒜翻炒一下，也是絕佳下飯菜色。滷肉不一定要加香料，前題是需要一瓶好醬油，好的醬油能讓滷菜上天堂。

便當就帶兩小片滷牛腱。

豆乾、小黃瓜、玉米筍都切丁，一時半刻找不到甜麵醬，加醬油拌炒吧，既然女兒喜歡酒香，起鍋前也淋些紹興酒熗鍋。

搭配南瓜飯，整顆小南瓜切蓋蒸熟，去籽，放入一塊奶油，邊挖果肉邊拌，取部分南瓜肉拌入炊好的白飯。南瓜盅裡頭還有好多果肉，倒入牛奶攪勻，就成了南瓜湯，當早餐吧。

滷牛腱

🕐 90分鐘　👍 難易度：★★　🍳 器具：staub 18cm琺瑯鑄鐵鍋

材料（1人份）

牛腱......2條（約800克）

醬油......100ml

紹興酒......60ml

冰糖......10克

蔥......1支

薑......15克

蒜頭......1瓣

八角......1粒

豆瓣醬......15克

水......200ml

作法 Step by Step

1／ 牛腱修除表面筋膜、肥油，切成兩大塊。

2／ 牛腱放入滾水氽燙，撈出洗淨。

3／ 牛腱加醬油、酒、冰糖、八角、蔥、薑、蒜、豆瓣醬和水煮滾。

4／ 轉小火，撈除浮末，蓋上鍋蓋煮60分鐘，關火燜一夜，取出切片。

Finish

1. 修筋膜

2. 汆燙

3. 加香料

4. 去浮末

南瓜盅濃湯

🕐 40分鐘　　👍 難易度：★

🍴 1人份　　🥄 器具：電鍋

材料 Ingredients

栗子南瓜	1顆
雞高湯	300ml
鮮奶油或牛奶	100ml
鹽	1克

作法 Step by Step

1 / 栗子南瓜放入電鍋，外鍋加2杯水蒸熟。

2 / 切開栗子南瓜蒂頭部分，挖除南瓜籽成盅。

3 / 雞高湯煮滾，加鹽，加鮮奶油煮一下。

4 / 將高湯倒入南瓜盅，邊吃邊挖下果肉。

Point

南瓜蒸好後，可挖出果肉，加高湯煮滾，稍放涼後
以手持攪拌棒打勻，淋上鮮奶油成濃湯。

10

生日快樂牛排餐

配菜／烤時蔬、松露嫩蛋、南瓜濃湯

早在兒童節前幾天，女兒就不斷預告「兒童節那天兒童最大」。

她指定，兒童節早餐要吃「牛排，肥一點的，還要配起司。」
好吧，就煎塊沙朗。每面煎 1 分鐘後翻面，共 4 分鐘，起鍋靜置 8
分鐘，再入鍋煎一下。

「如果沒下雨，就去騎車。若是下雨，就在家看電視看到飽。」女
兒說，「你還要陪我玩。」
「然後我還要沖咖啡！全程都我做唷。」女兒笑說，「如果不好喝，
反正也是你喝。」
兒童最大，妳說了算。

女兒愛吃牛肉，決定在她生日當天中午親送便當，主菜就是牛排。
算準時間，把抹了鹽的牛排放入烤箱，以 80℃ 低溫烤 1 小時，同
時放入淋了橄欖油的蔬菜一起烤。

烤牛排時，則以土鍋炊飯，順便把蒸好的南瓜加雞湯、牛奶煮滾
再打成濃湯。

牛排快烤好前，炒顆嫩蛋，灑上松露粉。
以同個鍋子將烤得差不多的蔬菜拌炒一下，取出牛排將表面略煎
上色，靜置幾分鐘再切片。

女兒，生日快樂。

低溫慢烤牛排

🕐 90分鐘　👍 難易度：★★　🍳 器具：烤箱、OIGEN麻布紋烤盤

材料（1人份）

翼板牛排......1塊

鹽之花......適量

作法 Step by Step

1／牛排抹鹽，放室溫回溫。

2／以大火充分燒熱平底鍋，將牛排表面煎上色。

3／烤箱以80℃預熱10分鐘，放入牛排烤60至70分鐘。

4／以大火充分燒熱平底鍋，將牛排兩面各煎20至30秒。

5／取出牛排靜置5分鐘，切片。

Point

若直接以平底鍋煎牛排，務必充分熱鍋，以大火煎1分鐘後翻面再煎1分鐘，重複一次，共煎4分鐘，取出靜置8分鐘再切片。

2. 煎上色

Finish

雲朵蛋

🕐 30分鐘　　👍 難易度：★

🍴 1人份　　🍳 器具：烤箱

材 料 Ingredients

蛋......1顆　　鹽......少許

作 法 Step by Step

1／ 將蛋白與蛋黃分離。

2／ 蛋白加少許鹽打發。

3／ 將打發的蛋白移入烤盤塑形，放上蛋黃。

4／ 放入以80℃預熱10分鐘的烤箱，烤20～30分鐘。

11

感人的咖哩飯

配菜／蛋卷、水梨

我很會煮感人的咖哩飯。

有回女兒說想帶咖哩飯，於是去美福買了牛肋條，回程才想起家裡沒洋蔥了。

女兒說：「待會要去超市買洋蔥嗎？」
我說：「不用，我只要講一個很感人的故事，就會有滿滿的洋蔥了。」
女兒：「……。」

對女兒來說，咖哩飯有很重要的意義。有時我工作得去外縣市出差幾天，這種時候，女兒便當最適合帶咖哩飯了，連吃兩天也不會膩。出差前一夜將洋蔥、紅蘿蔔、水梨切末，與牛肋炒一下，加水燉 40 分鐘，關火燜 30 分鐘，再煮滾後放入咖哩塊煮溶，關火燜到早上，取一大碗放電鍋加熱，就可裝入保溫便當盒。剩下的咖哩冷藏起來，交代老婆如何覆熱，再隔一天，女兒也可以帶便當。連續兩天便當都是咖哩飯也被老師發現了，從此女兒只要帶咖哩，老師就會笑問「爸爸是不是出差了」。

大概沒有小朋友不愛吃咖哩飯。
女兒班上是學校排球隊，首次參加正式比賽時，我答應只要拿到冠軍，就幫全班加菜。最後女生拿到冠軍、男生得到季軍，我燉了兩大鍋牛肉咖哩，班上每個同學都有一小盒。那天學校營養午餐恰好是蔬食餐，牛肉咖哩大獲好評，據說米飯不夠吃，同學們跑遍了全年級各班搜刮營養午餐的米飯，連平日小鳥胃的同學也吃了 3 碗飯。

咖哩就是有這樣的魔力，會讓人忍不住多添一碗飯。

牛肉咖哩

🕐 100分鐘　👍 難易度：★　🍳 器具：Staub 22cm鑄鐵鍋

材料（6人份）

牛肋條......700克

蒜頭......3瓣

紅蘿蔔......2根

洋蔥......2顆

蘋果或水梨......1顆

咖哩塊......1盒

作法 Step by Step

1╱ 牛肋條切塊，紅蘿蔔去皮切小塊，洋蔥切末，水梨去皮切小塊。

2╱ 熱鍋放少許油，放牛肋條將表面煎上色後，取出移入鑄鐵鍋。

3╱ 原鍋加少許油，放洋蔥、紅蘿蔔炒至洋蔥變色，放蒜頭稍微炒一下。

4╱ 將蔬菜、水梨移入鑄鐵鍋，加剛好蓋滿食材的水，以中火煮滾。

5╱ 蓋上鍋蓋，轉小火煮40分鐘，關火燜30分鐘，再開中小火煮滾。

6╱ 放入咖哩塊拌勻煮溶，再次煮滾即可蓋上鍋蓋，關火燜一夜。

Point

放入咖哩塊後，需要不時攪拌以免鍋底燒焦，燜一夜會更美味。

Finish

乾咖哩

 30分鐘　👍 難易度：★★

🍴 2人份　🍳 器具：turk 26cm煎鍋

2. 炒香

3. 調味

4. 加水

材 料 Ingredients

絞肉.............. 100克

番茄紅醬........30克

咖哩粉............. 5克

咖哩塊........... 20克

蘑菇................. 6朵

洋蔥............... 60克

紅蘿蔔........... 20克

水.................. 適量

作 法 Step by Step

1／ 蘑菇切片，洋蔥和紅蘿蔔都切成細末。

2／ 熱鍋放油，將洋蔥和紅蘿蔔炒至變色。

3／ 放入蘑菇、絞肉，炒至絞肉變色後，
　　再加入咖哩粉炒拌均勻。

4／ 加咖哩塊、番茄紅醬、水炒勻即可。

一般常吃的咖哩都是濃濃的湯汁，建議也可以試試乾式吃法，烹煮時間縮短，但一樣有著濃厚的咖哩風味！

12

解憂炸醬

配菜／蒜香胭脂蝦、蒜香小卷、青花菜、太陽蛋、蘋果

<big>我</big>說：「便當帶炸醬好不好？」

「什麼是炸醬？」女兒問。
「有很多種做法，大概就是絞肉、豆瓣醬、甜麵醬等。」我說。

「那你是哪一種做法？」女兒問。
「因為妳不吃辣，我做的是解憂版本，沒加豆瓣醬，就是絞肉、豆乾、甜麵醬等，如果配麵，就叫做解憂炸醬麵，當然也可以配飯。」我說。

「好棒。」女兒聽到有她愛吃的豆乾，眼睛亮了起來，「為什麼叫解憂？吃了就能解除憂愁嗎？」
「對呀。」我點點頭，「解除我的憂愁，因為豆乾買好幾天了，再不煮怕會壞掉。」

女兒：「……。」

台式炸醬

 20分鐘　　難易度：★　　器具：山田中華炒鍋36cm

材料（2人份）

豆乾......3塊

絞肉......100g

蒜頭......1瓣

甜麵醬......15ml

醬油......15ml

水......30ml

作法 Step by Step

1／豆乾切小丁，蒜頭切末。

2／熱鍋放油，將絞肉炒上色，放蒜末炒軟後取出。

3／同一鍋放入豆乾丁，炒至上色後取出。

4／同一鍋炒香甜麵醬，放入肉末、豆乾丁、醬油、水，小火煮10分鐘。

Finish

2. 炒絞肉

3. 炒豆乾

4. 炒醬

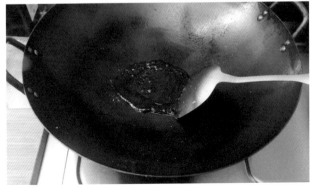

香菇鑲肉

變化菜色

 20分鐘　　難易度：★★

1人份　　器具：電鍋

材料 Ingredients

鮮香菇	2朵	甜醬筍	1小塊
絞肉	100克	胡椒粉	少許
香菜	1根	糖	少許
蛋汁	少許	醬油	少許
太白粉	少許	香油	少許

1. 調味

2. 灑太白粉

作法 Step by Step

1／絞肉加香菜末、甜醬筍、胡椒粉、糖、醬油、香油和蛋汁拌均勻，摔打至出現黏性成肉餡。

2／鮮香菇去除菇柄，菇傘拍少許太白粉，鑲入適量肉餡。

3／放入電鍋，外鍋半杯水，蒸約12分鐘。

13

豚汁定食 600円

配菜／葡萄、芒果

我說：「我煮豚汁給妳帶便當好不好？」

女兒露出驚訝表情說：「臀汁？屁股擠的汁？屁股肉？」
「不是啦，是豚，豬肉的豚。」我說。

女兒鬆了一口氣，「豬就豬，為什麼不叫做豬汁？」
我說：「因為在日文中，豬是指那種有獠牙的野豬，豚才是一般
吃的肉豬。豚汁就是有豬肉片、蔬菜，加上味噌去煮，妳可以拌
飯吃。」
「像是味噌湯嗎？」女兒笑了，「那我要加紅蘿蔔！那種圓圓、薄
薄的紅蘿蔔片，味噌湯裡面的紅蘿蔔片最好吃了。」

大驚！女兒不是視紅蘿蔔為死敵，居然會想加到豚汁裡。我故作
鎮定說：「豚汁不是味噌湯，食材會先炒過才煮。」女兒很討厭
紅蘿蔔，即便隔夜咖哩的紅蘿蔔已軟透入味，她也會挑出來。少
數她願意吃的紅蘿蔔，大概就是味噌湯裡頭的紅蘿蔔薄片了。

雖然總是說不可以挑食，但我自己也不喜歡紅蘿蔔，那就是小白
兔吃的啊，我自己除了咖哩、燉牛肉裡頭的紅蘿蔔，其他做法都
不愛，甚至泡麵調味包裡頭的紅蘿蔔乾，我也會仔細挑出來。
既然紅蘿蔔只要切成薄薄的，女兒就願意吃，就來做豚汁吧。

上學前，我還是跟女兒撂下狠話：「豚汁定食 600 円，要吃完喔。」

豚汁

 25分鐘 　難易度：★ 　器具：staub 22cm鑄鐵鍋

材料（3人份）

豬五花肉片......160克

紅蘿蔔片......20克

洋蔥絲......70克

鮮香菇......4朵

甜蔥......1根

嫩豆腐......1盒

味噌......60克

蒟蒻絲......100克

高湯......700ml

作法 Step by Step

1／冷鍋冷油燒熱，放入五花肉片炒香，放洋蔥絲、紅蘿蔔片炒香。

2／放甜蔥、香菇炒香，放入豆腐、蒟蒻絲。

3／加高湯煮滾，轉小火煮20分鐘。

4／味噌放在濾勺裡入鍋，以湯匙拌至溶化即可關火。

Finish

1. 爆香

2. 加料

3. 燉煮

4. 調味

Point

亦可添加白蘿蔔、牛蒡、蓮藕等根莖類蔬菜。

醬油漬蛋黃拌飯

🕐 1天　　👍 難易度：★

🍴 3人份　　🍳 器具：保鮮盒

材料 Ingredients

生蛋黃....3顆　　醬油....適量　　白飯....1碗

1. 醬油漬

作法 Step by Step

1／將蛋黃放入容器中，淋上蓋過蛋黃的
　　醬油，密封冷藏1夜。

2／撈出蛋黃，鋪在白飯上品嘗。

Point

提醒，蛋黃生食有風險，幼兒和體質不好的人勿吃！若想嘗試，務必選用品質
較佳的雞蛋。

蛋黃漬1天：醬味淡，一挖開即流出蛋汁，口感似一般生蛋黃濕潤。

蛋黃漬2天：醬味稍濃，一挖雖也會流出蛋汁，但質地較稠，類似溏心蛋蛋黃。

蛋黃漬3天：醬味最濃，已不會流出蛋汁，帶點黏滑，甚至略帶微Q。

軟滑的蛋汁誰不愛？生蛋黃漬過醬油，口感黏滑似凝脂，醬味鹹度也足，飯粒裹上滑稠的蛋黃，還帶著醬油香，味道與口感都好極了。

14

講究的一丁煮法

配菜／椪柑

为討女兒的歡心，決定便當帶炒一丁，也就是炒泡麵（出前一丁）。女兒喜出望外，笑得好甜。

女兒忽然低聲說：「其實你之前幫我帶炒泡麵，有點不夠吃。」

我問：「一整包出前一丁加上配料，吃不飽嗎？」

女兒點點頭說：「再多一點。」

我說：「那我多放一點肉、菜。」

女兒說：「不要啦，我不要吃肉，炒泡麵的配料愈少愈好，這樣口感才好。」

我說：「肉放少一點，但青菜不能少，我還會加紅蘿蔔唷。」

女兒大驚：「毋湯！」

我說：「就像炒年糕裡頭的紅蘿蔔絲，我會切得很細很細。」

女兒說：「那放一根就好。」

「如妳所願。」我說，「就放一根紅蘿蔔，一整根。」

女兒覺得有什麼不對，急說：「不是一根啦，是一絲，一絲啦。」

平日甚少給女兒吃泡麵，除非是颱風天，總覺得颱風吃泡麵是一種儀式。我很講究出前一丁的煮法，如果太太幫忙煮，我一定會笑笑的吃完，儘管內心小劇場上演著狂風暴雨，想著我煮的比較好吃，但絕對不能說出來，因為找老婆的麻煩，就是給自己找麻煩。

出前一丁（麻油味）一定煮湯的，不做乾拌。

滾水下麵，水不可少，一包麵至少也要 1.5 公升，只煮麵不加調味粉，麵入鍋不拌不翻，也不加鍋蓋，等到麵條煮到自個兒散開就差不多可起鍋了。

湯底不用煮麵水，而是另煮一壺滾水，將調味粉倒入大碗沖入滾水拌勻，放煮好的麵條稍微撈一下，才淋麻油包。

雖然只是一碗泡麵，女兒也覺得我煮的比較好吃。

炒一丁

🕐 20分鐘　👍 難易度：★★　 器具：湯鍋、山田中華炒鍋36cm

材料（2人份）

出前一丁（麻油風味）......2包

絞肉......100克

洋蔥絲......60克

紅蘿蔔絲......30克

青江菜......1株

蒜末......20克

吉古拉......1條

蛋......2顆

醬油......10ml

水......50ml

作法 Step by Step

1／絞肉加5ml醬油醃一下。

2／泡麵以滾水煮約2分鐘，散開略變軟即可撈起。

3／蛋汁打勻，入鍋炒至略凝結取出。

4／將洋蔥絲、紅蘿蔔絲炒軟，加5ml醬油調味。

5／下絞肉、蒜末炒熟，放青江菜、吉古拉略炒。

6／放入麵條、炒蛋，灑1包調味粉，加入50ml水炒勻，最後淋上泡麵附的麻油。

Point

炒泡麵算是清冰箱料理，可放各種蔬菜或配料。泡麵略煮散即可撈起。

2. 煮軟

3. 炒蛋

4. 爆香

5. 炒肉

6. 翻炒

Finish

雞蛋三明治

🕐 15分鐘　👍 難易度：★

🍴 2人份　🍳 器具：湯鍋

材料 Ingredients

吐司...........4片　　培根...........1片

蛋........　2顆　　美乃滋......50克

小黃瓜......半根

作法 Step by Step

1／ 雞蛋煮熟成水煮蛋，放涼後剝殼切碎，拌入美乃滋。

2／ 取一半雞蛋沙拉夾入2片吐司，對切。

3／ 培根煎熟，小黃瓜切片。

4／ 將煎培根、小黃瓜片與剩下的雞蛋沙拉夾入另2片吐司，對切。

Point

可依喜好在雞蛋沙拉添加黑胡椒粉、芥末籽等。

15

不要路過的通心粉

配菜／芥末籽水煮蛋、青花菜、無油抄手、蘋果

我問：「幫妳帶番茄通心粉好不好？」

「好呀，要跟之前園遊會你做的一樣唷！」女兒說。
「可是我不想做一樣的，這次不做肉醬，改做肉丸子。」我說。
「為什麼？」女兒有點失望，「那肉丸子裡頭要有起司，跟之前去吃
火鍋那種裡頭有起司的丸子一樣。」
「配菜來點青花菜，再加顆水煮蛋？」我說。
「水煮蛋的蛋黃太乾了，要跟之前去野餐帶的那種一樣，蛋黃要拌美
乃滋。」女兒說。

加碼煮些基隆小餛飩，乾拌成抄手。
「我喜歡喝湯的啦，要跟去基隆吃乾麵配的餛飩湯一樣。」女兒說。
乾拌帶便當，餛飩湯當早餐吧。

曾在女兒學校園遊會做了一大鍋番茄通心粉讓小朋友學習如何販售。
園遊會前，先讓女兒多帶一些和同學分享，聽聽小朋友的意見。

得到的回饋是「不要太酸會更好吃」、「若能加起司更棒」。原來
小朋友不喜歡番茄味過重，所以加了鮮奶油調和，果然大受歡迎。

園遊會當天，準備的 50 杯銷售一空，想起班上男同學賣力吆喝、錯
喊「走過錯過，不要路過」的模樣不禁莞爾一笑。

粉紅肉醬通心粉

 40分鐘　👍 難易度：★★　🍳 器具：staub 18cm琺瑯鑄鐵鍋

材料（6人份）

番茄紅醬......680克

絞肉......300克

洋蔥......1顆

蒜頭......3瓣

普羅旺斯綜合香料......10克

白酒......30ml

水......100ml

鮮奶油......100ml

作法 Step by Step

1 / 洋蔥、蒜頭切末，以小火炒洋蔥末
　　至黃褐色，再放蒜末炒一下。

2 / 放入絞肉炒散，炒至變色。

3 / 加綜合香料炒一下，加白酒炒香。

4 / 倒入紅醬、水，轉小火煮30分鐘。

5 / 關火前淋鮮奶油，搭配煮熟的通心
　　粉品嘗。

Finish

1. 爆香

2. 炒肉

3. 淋酒

5. 加鮮奶油

4. 加醬

Point

可使用鮮奶代替鮮奶油，但分量需略增加。

蜂蜜芥末蛋塔

🕐 15分鐘　👍 難易度：★　🥄 器具：湯鍋

材料 Ingredients（4人份）

雞蛋.....4顆　蜂蜜芥末醬.....70克

作法 Step by Step

1╱ 雞蛋煮熟成水煮蛋，對切後取出蛋黃。蛋黃加蜂蜜芥末醬攪拌均勻成蛋黃醬。

2╱ 將蛋黃醬裝入塑膠袋綁起，尖端剪一小洞，擠入蛋白中。

Point

蛋黃可改拌美乃滋和芥末籽。

粉紅醬菜卷

變化菜色

🕐 20分鐘　👍 難易度：★　🍳 器具：電鍋

材料 Ingredients（1人份）

高麗菜.....4片　粉紅肉醬.....100克

作法 Step by Step

高麗菜以滾水燙軟，切除較硬的菜梗後捲起，放入電鍋蒸10分鐘，淋上已加熱的粉紅肉醬。

16

地方爸爸的庶民快炒

配菜／蓮藕蓮子燒雞、九層塔烘蛋、葡萄、老欉文旦

睡前要女兒猜猜便當有什麼菜?

女兒大概覺得我老是捉弄她,說道:「青椒炒肉?還是紅蘿蔔炒飯?」

我說:「原來妳這麼想吃青椒和紅蘿蔔!沒問題,就幫妳帶這兩樣吧!」

女兒急得說不出話。

我又問:「妳只要集滿 3 次便當沒吃完,就可獲贈學校營養午餐一年份,現在若剩下一次,給妳帶紅蘿蔔炒飯,妳會吃光嗎?」

女兒豪氣說:「不會,絕對不吃!」

我笑說:「原來妳這麼想吃學校午餐。」

女兒說:「學校午餐都是一次收整學期的錢,你來不及了。」她表情好得意。

我說:「誰說的,可以隨時加入。」

女兒說:「這樣錢不好算啦。」

我說:「沒關係,我就給一學期的錢,用不退。」

女兒急道:「毋湯!這樣不划算!」

哈哈,算妳運氣好,沒有青椒、紅蘿蔔,但有妳愛的楊桃豆。

楊桃豆也稱為翼豆、羊角豆,加蒜頭、豆豉快炒就能感受到清脆口感。曾在 SUKHOTHAI 吃過主廚阿桐師做的宮廷酸甜楊桃豆鮮蝦沙拉,那爽脆口感伴著酸甜微辣滋味,還帶著迷人椰香,讓我久久難忘。

我們這種地方爸爸做的壓根沾不上宮廷的邊,充其量只是庶民風味,但也好吃,尤其是敲開椰子取肉,邊做菜邊喝椰子汁,也是一種趣味。

豆豉楊桃豆

 15分鐘　　難易度：★　　器具：山田中華炒鍋36cm

材料（3人份）

楊桃豆......4根

豆豉......20克

醬油......20ml

紹興酒......15ml

蒜頭......4瓣

作法 Step by Step

1／ 楊桃豆切0.5公分厚片狀。

2／ 將豆豉以少許油炒香，放蒜末爆香。

3／ 放楊桃豆大火快炒，以醬油調味炒勻，
　　淋酒熗香。

Point

楊桃豆也稱翼豆、羊角豆。大人版可加辣椒末爆香。

2. 爆香

3. 快炒

Finish

涼拌楊桃豆

🕐 20分鐘　　👍 難易度：★　　🍳 器具：湯鍋

材料 Ingredients（3人份）

楊桃豆	4根	**調味料**
蛋	1顆	峇拉煎（蝦醬）.. 1小塊
香水椰子	1顆	開水 少許
鮮蝦	8隻	糖 少許
柚子果肉	少許	檸檬 半顆榨汁
		魚露 適量

作法 Step by Step

1. 楊桃豆切約0.3公分細絲，入滾水汆燙一下即撈出，泡冰塊水冰鎮後瀝乾。

2. 香水椰子以菜刀刀背敲3下得一缺口，倒出椰子汁，將椰子肉以湯匙挖下，切成細絲。

3. 蝦子燙熟去殼；蛋煮熟成水煮蛋，一切四。柚子取肉剁小塊。蝦醬乾煎一下，加少許開水拌開，加糖、檸檬汁、魚露拌勻成醬汁。

5. 所有材料盛盤，加醬汁拌勻即可。

Point

柚子可換成柳橙、橘子。峇拉煎可換成參巴醬Sambal。

17

食欲之秋，食欲知秋

配菜／基隆甜不辣炒韭菜花、起司烘蛋、水梨

食 欲之秋，食欲知秋。

秋天蓮藕上市後，決定做個蓮藕夾。蓮藕切片燙一下，拍上太白粉，夾入以醬油、酒醃漬的絞肉，煎熟，再加些梅酒、醬油燒入味。

女兒對蓮藕無感，稱不上喜歡，也說不上討厭，不論如何，當季的食材一定是最好吃的。

「小時候我最喜歡喝蓮藕湯了，咬下蓮藕時會有一絲絲的。」我說。
「哼，我不喜歡藕斷絲連。」女兒說。
「妳怎麼那麼絕情。」我故作憂傷。
「我就喜歡乾乾脆脆啊。」女兒說。
「真的嗎？那些妳已經不玩的玩具怎麼不乾脆丟掉？」我問。
「咳咳，」女兒裝作沒聽到，「你之前做的甜芋泥，插在上面的蓮藕片就烤得乾乾的很脆。」
「妳根本就是想吃甜的吧。」我笑說。
「人家也想浪漫一下，來個偶然遇見你（藕然芋見泥）。」女兒大笑。

家裡沒有芋頭，冰箱冷凍庫倒是有新鮮蓮子，蓮藕與蓮子是荷花的不同部位，不然一起烹調，做成蓮藕蓮子親子蓋飯好了。
「蓮子要去芯啦，不然好苦。」女兒說。
「吃得苦中苦，方為人上人。」我雙手合十。
「毋湯！」女兒大喊，「本是同根生，相煎何太急。」

蓮藕夾

 20分鐘　　難易度：★★　　器具：turk 26cm煎鍋

材料（3人份）

蓮藕......1小條

絞肉......170克

醬油......1大匙

米酒......1大匙

太白粉......適量

梅酒或米酒......1大匙

醬油......1大匙

水......2大匙

糖......1小匙

作法 Step by Step

1／絞肉加醬油、米酒拌勻，醃15分鐘。

2／蓮藕去皮，切約0.5公分薄片，入滾水汆燙一下，撈起瀝乾。

3／蓮藕表面拍太白粉，取兩片夾入適量絞肉做成蓮藕夾。

4／熱鍋轉小火，倒油，放入蓮藕夾煎熟。

5／梅酒、醬油、水加糖拌勻倒入鍋，將蓮藕夾兩面燒上色至醬汁收乾。

Finish

1. 醃漬

2. 汆燙

3. 鑲餡

4. 煎香

5. 調味

Point

醬汁用帶甜的梅酒可添增風味，且能減少糖量，亦可使用米酒等料酒。

蓮藕蓮子燒雞

🕐 20分鐘　　👍 難易度：★

🍴 1人份　　🍳 器具：金子恭史 20cm煎鍋

材料 Ingredients

蓮藕.............. 3片	鹽麴............1大匙
小黃瓜........1/4根	醬油.............. 5ml
生蓮子..........6顆	清酒............ 10ml
雞胸肉.........50克	

作法 Step by Step

1. 雞胸肉切片，加鹽麴醃漬一夜。

2. 蓮藕片、蓮子入滾水煮10分鐘，撈起瀝乾。

3. 雞肉炒半熟，加蓮藕、蓮子、小黃瓜炒勻，淋醬油、清酒燒至醬汁收乾即可。

1. 醃漬

2. 汆燙

3. 淋醬油

18

等七天的雞肉料理

配菜／糖醋小黃瓜、太陽蛋、芭樂

我問：「妳最喜歡的吃的雞肉是哪一種？」

「肌肉？」女兒呵呵一笑說，「我又不是食人族。」

「是白斬雞、燻雞的雞啦。」我笑回。

「當然是風雞！」女兒斬釘截鐵說。

「為什麼？」我問。

「就很好吃啊。」女兒說，「有一種很香的香料味。」

「那是花椒，炒了花椒鹽醃漬。」我說。

「對對，我喜歡花椒的香味，但不喜歡花椒的麻，風雞吃起來很香，但不會麻。」女兒說。

「但想吃風雞得等上 7 天，需要有耐心。」我說。

女兒沉思了一會兒，「很簡單，你每個星期給我吃一顆糖，等過了 7 天再給我糖果，這樣就可以訓練我的耐心。」說完，女兒忍不住笑出來，因為平常是不讓女兒吃糖果的。

想起第一次做風雞，真是漫長的等待，醃到第 6 天因為晚上很睏所以沒蒸、第 7 天晚上很餓所以買了鹹水雞、第 8 天小孩不乖、第 9 天和好友聚餐吃太飽，等到第 10 天才有時間處理。

蒸熟放涼再拆件，手撕成絲，才拆 2、3 條，女兒就搶著一直吃。雞肉經過鹽漬脫了水，肉味更濃縮，口感滑嫩帶點 Q 感；雞皮也好吃得要命。

風 雞

 7天　難易度：★★　器具：蒸鍋、turk 16cm煎鍋

材料（3人份）

雞腿......1支（約500克）

鹽......10克

花椒粉......1克

米酒......15ml

小黃瓜......1根

鹽......3克

糖......10克

醋......10ml

作法 Step by Step

1／鹽加花椒粉拌勻，入鍋不加油，以乾鍋炒香成花椒鹽。

2／雞腿以廚房紙巾擦乾，表面抹米酒。

3／雞腿表面均勻灑上花椒鹽抹勻。

4／以吸水紙包起，再包捲保鮮膜，放冰箱冷藏6～7天，每天換一次吸水紙。

5／取出雞腿，洗淨表面的花椒鹽，放電鍋或蒸鍋蒸15～20分鐘，燜10分鐘。

6／雞腿濾出蒸汁，放涼後撕成絲，蒸汁可留著炒菜。

7／小黃瓜洗淨，拍碎去籽切小段。小黃瓜加鹽、糖、醋抓勻，搭配風雞品嘗。

Point

若無食品專用吸水紙，可使用廚房紙巾代替。若冰箱夠乾淨，可將抹鹽的雞腿直接冷藏脫水。花椒粉若改用花椒粒代替，分量可略增加。

1. 炒鹽

2. 抹米酒

3. 抹花椒鹽

4. 包裹

Finish

雞汁大豆苗

變化菜色

🕐 10分鐘　　👍 難易度：★

🍴 2人份　　🍳 器具：山田中華炒鍋36cm

材料 Ingredients

風雞蒸汁...... 100ml

蒜頭................. 2瓣

大豆苗.......... 150克

作法 Step by Step

1 ╱ 大豆苗去梗取葉，洗淨。

2 ╱ 以少許油爆香蒜頭，下風雞蒸汁煮開。

3 ╱ 放入大豆苗，大火快速翻炒即可。

3. 翻炒

19

念念不忘的雞肉沙嗲

配菜／煎蛋、椪柑

女兒說:「好想吃在拉拉山烤的那種沙嗲。」

之前到大學同學在拉拉山的果園,帶了南洋料理達人送我的沙嗲粉,砍柴生火烤了雞肉沙嗲,女兒自此念念不忘。

我的大學同學們都很貼心。
4個家庭13人上山,事先分配了攜帶食材分量,各自採購時都暗自擔心大家吃不夠,所以,13片里肌肉變成4大條約2.5公斤;冷凍蝦1盒變2公斤,還加碼6尾超肥美抱卵香魚、1大袋帆立貝;2支去骨雞腿變6支、附帶2斤香腸,除了牛排、羔羊排,還多了一夜干、五花肉、松阪豬,更別說足以供30人享用的羅曼生菜、美生菜、蘋果、芒果、櫛瓜、菇類、玉米筍、甜椒等蔬果,還有大家最愛的棉花糖。

女兒說:「雞肉沙嗲最好是用自己砍的竹子削成竹籤串起來。」

女兒在山上解鎖了不少體驗,砍竹子做竹筒飯、削竹籤烤肉,都讓回憶滿滿。

我們家雖沒有山、沒有竹林、也沒養雞,倒是有很棒的沙嗲粉,便當就來帶雞肉沙嗲吧。
雞腿肉切塊加沙嗲粉醃漬,每串插3塊雞肉,以煎烤盤烤熟,配點小黃瓜、生洋蔥。

女兒大讚:「好吃!」

雞肉沙嗲

 80分鐘　　難易度：★　　器具：煎烤盤

材料（4人份）

雞腿肉......1支（約400克）

沙嗲粉......1包

醬油......1大匙

油......1大匙

水......25ml

洋蔥......少許

小黃瓜......半根

作法 Step by Step

1／雞腿肉切小塊，洋蔥切小片，小黃瓜切小塊。

2／雞腿肉加沙嗲粉、醬油、油和水拌勻，醃漬1小時以上。

3／將雞腿肉以竹籤或烤肉籤串起，以煎烤盤煎熟。

4／品嘗時可搭配小黃瓜或洋蔥解膩。

Point

沙嗲粉可上網搜尋熱帶玫瑰沙嗲粉。可在前一夜將雞肉加沙嗲粉冷藏醃漬。

2.醃漬

Finish

20

青春的滋味

配菜／烤蔬菜、香料烤雞翅、炒豆乾

家裡正好有火燒蝦，就來做蝦仁炒飯吧。

女兒聞到香氣，問：「今天便當帶什麼？」
我說：「青春的滋味。」
女兒不解。

我大學時最愛新莊後港一路路邊攤的蝦仁炒飯，曾連續一個月每天晚餐都吃蝦仁炒飯。老闆炒飯像是表演，每回最多可炒近二十份，鐵板上金澄澄的炒飯堆得彷彿一座小山，雖然沒什麼配料、蝦仁也不多，但米飯粒粒分明，吃來散發濃郁蝦味，是我吃過最可口的蝦仁炒飯。如今有時午夜夢迴還會想起那滋味呢。

大鐵板炒飯蠻有趣的，而且一次都炒這麼大的量，老闆功夫確實了得。鐵板會先淋油，放蝦仁稍微煎香便推向一旁。
接著打蛋，炒成蛋花，然後倒上整鍋白飯，澆淋調製過的醬油，灑鹽和味精，只見老闆右手拿著鐵鏟、左手握著切麵刀，猶如擊鼓般的炒起飯來，配合節奏，一個動作一個頓點，神武有力，勁道十足，將米飯與蛋花炒勻，從底部往上翻、再一段段切炒。

鐵板上的白飯受熱後，開始乒乒砰砰跳起舞來，喜悅的姿態溢於言表，終於，灑上小白菜，舞曲進入尾聲，將等待已久的蝦仁撥入飯裡，快速翻炒，每一粒米飯都混合了蝦味和蛋香，彷彿渾然一體。

一入口，就會明瞭這股熟悉的滋味別家吃不到。

女兒呀，我的青春滋味是蝦仁炒飯，或許等妳長大後，童年滋味會是爸爸的便當。

蝦仁炒飯

20分鐘　難易度：★★　器具：山田中華炒鍋36cm

材料（2人份）

紅蝦仁......20隻

米飯......250克

雞蛋......2顆

醬油......15ml

鹽......2小匙

米酒......10ml

蒜末......10克

小白菜......1株

作法 Step by Step

1/ 蝦仁洗淨挑除泥腸，以紙巾擦乾，加米酒醃一下。

2/ 熱鍋下油，放入蛋汁炒至略凝固後取出。

3/ 加少許油，炒香蝦仁後取出。

4/ 爆香蒜末，倒入白飯，加鹽、蛋、蝦仁翻炒，再加醬油炒勻。

5/ 起鍋前放入小白菜炒勻。

Finish

1. 加酒

2. 炒蛋

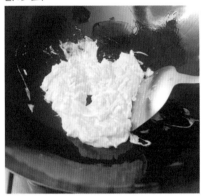

3. 炒蝦仁

Point

宜選用火燒蝦等紅蝦仁，味道比較濃郁。

滑蛋蝦仁

 10分鐘　　 難易度：★

 1人份　　 器具：turk 16cm煎鍋

1.炒蛋

材料 Ingredients

雞蛋	1顆	蔥花	少許
蝦仁	7隻	水	30ml
鹽	少許	米酒	5ml

2.煎蝦

作法 Step by Step

1／ 雞蛋加鹽打勻，入鍋炒至略凝固即可取出。

2／ 蝦仁加米酒醃一下，入鍋煎香。

3／ 加炒蛋，倒水燒至水分收乾，灑蔥花。

3.加水燒

Point

蛋汁入鍋後，略凝結即需翻動，質地才會嫩。

21

餓童家蝦仁飯

配菜／煎鴨蛋、小番茄

帶女兒到台南玩了幾天。

女兒表示「台南的東西都好好吃」、「我不想回台北」、「我想要每個月都到台南住幾天」。
女兒，酒店住宿費用很貴啊。

鹹粥、香腸熟肉、牛肉湯、蝦卷、碗粿、米糕、鱔魚意麵，在台南眾多美食中，女兒最愛蝦仁飯。回到台北便想試著做看看，不知正統做法，便依感覺自己嘗試。

專程到漁港買了火燒蝦，剝殼、去泥腸，把蝦殼炒香，加清酒、水熬煮、過濾成高湯。將米加蝦高湯煮成飯，燜的時候，爆香蒜、蔥段，放入蝦仁炒一下，加上醬油、清酒、砂糖和一點點蝦高湯炒熟。等飯燜好，將炒好的蝦連湯汁拌入飯裡。

香噴噴呀，蝦味超濃。

我說：「吃蝦仁飯要配煎鴨蛋，還要來碗鴨蛋湯。」
女兒說：「我喜歡蝦仁飯，鴨蛋湯就不用，太熱了。」

煎半熟鴨蛋時，油得多一些，煎得赤赤才好吃。

蝦仁飯

🕐 60分鐘　👍 難易度：★★

🍳 器具：staub 18cm琺瑯鑄鐵鍋、湯鍋、turk 26cm煎鍋

材料（4人份）

火燒蝦......1斤

醬油......30ml

清酒......15ml

糖......5克

蔥......1支

蒜頭......4瓣

米飯

米飯（台農77號）......300克

蝦高湯......360克

作法 Step by Step

1/ 蝦去頭尾、去殼，挑除泥腸。蒜頭拍碎、蔥切段。

2/ 蝦頭、蝦殼以油炒香，加500ml水和少許酒煮20分鐘，過濾成蝦高湯。

3/ 米洗淨瀝乾，靜置5分鐘，加蝦高湯浸泡半小時，開中小火煮至微冒泡，轉小火加蓋煮5、6分鐘，關火燜10分鐘。

4/ 爆香蒜、蔥白，放蝦仁炒香。加醬油、酒、糖和50ml蝦高湯炒熟，放蔥綠炒一下。

5/ 將蝦仁連湯汁拌入米飯，攪拌均勻，再燜5分鐘即可。

2. 熬高湯

3. 炊飯

4. 炒蝦

Point

買不到火燒蝦可改用海蝦仁（紅蝦仁）。

22

不苦娃娃菜

配菜／起司蛋卷、蒜香奶油蝦、小番茄

過年前到內湖 737 巷市場（麗山市場）採買桂來標湖南臘肉，挑了一條六兩肉和一張臘豬頭。

回到家，興沖沖跟女兒說：「我幫妳買了一張面具。」
女兒氣呼呼說：「你才豬頭，你全家都豬頭。」
哈哈。

臘豬頭是我的下酒菜，分切冷凍保存，品嘗時放電鍋，外鍋加兩杯水蒸軟，拿把廚房剪刀剪成細條，邊看電視邊吃，沒一會兒就吃光了。豬耳朵帶著脆脆軟骨、臉頰肉多，我的願望是把 QQ 的豬鼻切成如藕片般，但從來沒辦到。

至於臘肉，我偏好六兩肉，也就是松阪肉部位，肥油雖多、瘦肉甚少，但烹調後口感爽脆不膩、脂香優雅。處理臘肉時，建議先切薄片，再水煮去除髒污、多餘的油脂和鹽分，搭配抱子娃娃菜、青蒜或芥藍菜爆炒都美味。

抱子娃娃菜也稱抱子芥菜，質地爽脆、滋味甘甜微苦。

女兒說：「抱子娃娃菜燒軟一點沒關係，這樣比較不會苦。」
我說：「妳怎麼知道燒軟比較不苦。」
女兒說：「我就是這麼覺得啊。」
收到。

六兩肉炒娃娃菜

 20分鐘　　難易度：★　　器具：山田中華炒鍋36cm、湯鍋

材料（4人份）

抱子娃娃菜......300克

六兩肉（臘肉）......70克

蒜頭......2瓣

醬油......20ml

紹興酒......20ml

作法 Step by Step

1/ 抱子娃娃菜切片，六兩肉切薄片。

2/ 將六兩肉薄片放入滾水，煮2分鐘後撈起沖水洗淨。

3/ 熱鍋放少許油，放六兩肉炒香，放蒜頭爆香。

4/ 放抱子娃娃菜炒軟，加醬油調味，沿鍋邊熗入紹興酒。

Finish

2. 水煮

3. 煸炒

4. 翻炒

蒜香奶油蝦

 10分鐘　 難易度：★

🍴 1人份　🍳 器具：turk 16cm煎鍋

材料 Ingredients

蝦仁.................6隻

蒜頭.................4顆

蔥.....................半支

含鹽奶油.........20克

2. 去泥腸

3. 爆香奶油

4. 煎熟

作法 Step by Step

1 / 蒜頭、蔥都切末。

2 / 蝦仁開背，挑除泥腸。

3 / 以一半奶油爆香蒜末、蔥末。

4 / 爆香一下即放入蝦仁，將蝦仁煎熟。

5 / 關火放剩下的奶油，以餘熱融化奶油。

滿滿的蒜香加上奶油香,讓蝦仁鮮上加鮮,白飯肯定一口接一口。記得奶油分兩次加,氣味才會濃郁。

23

睡過頭的便當菜

配菜／蒜香青花菜、起司蛋卷、茄醬義大利麵、梨子

女兒班上是排球隊，這群孩子 7 月底、8 月初才開始練球，隨即參加台北市比賽，經過 3 天賽事，女生奪下了冠軍、男生得到季軍。想想還真不簡單，即便技巧、觀念都有很大進步空間，但不到 4 個月有此成績真的不容易。

教練提醒「大賽後特別容易生病」，鬆懈下來感覺特別累，比賽結束當晚早早就休息了，女兒就寢時雖難掩興奮，但轉個身就睡著了。

幾天沒買菜、開伙，隔天便當就靠冰箱裡的材料，一爐煮天使細麵，一爐煎漢堡排時同時爆香洋蔥、蒜片、青花菜，取出漢堡排後，倒些白酒、茄醬翻炒，放進煮好的麵條快速翻炒。

再煎個蛋卷，灑些松露粉調味。

女兒起床看到便當，呵呵一笑：「你睡過頭了嗎？」
我說：「沒有啊，妳為什麼會這樣覺得。」
女兒說：「因為你說過炒義大利麵很快。」

是呀，天使細麵煮 3 分鐘就好了，放到中午也不會糊爛，是快速做便當的好食材。

送女兒去學校的路上，我問：「拿到冠軍很高興吧！」
女兒淡淡說：「還好。」但臉上有藏不住的笑容。

加油！繼續練球，希望在全國大賽也能拿到好成績。

漢堡排

 15分鐘　　難易度：★★　　器具：turk 20cm煎鍋

材料（1人份）

牛肉漢堡排......1片

紅酒......30ml

醬油......10ml

蠔油......10ml

起司......1片

作法 Step by Step

1／ 熱鍋放少許油，將漢堡排中間壓一個凹洞入鍋。

2／ 煎5分鐘後翻面再煎5分鐘即可起鍋。

3／ 趁熱在漢堡排上鋪一片起司。

4／ 原鍋倒入紅酒、醬油和蠔油煮至略濃縮，當成漢堡排醬汁。

Finish

1.煎熟

4.煮醬

Point

漢堡排勿反覆翻面，每面煎約5分鐘；或觀察側面，若變色超過一半即可翻面再煎。

茄醬義大利麵

🕐 10分鐘　　👍 難易度：★

🍴 1人份　　🍳 器具：不鏽鋼平底鍋

材料 Ingredients

天使細麵	80克	洋蔥末	20克
火腿	1片	白酒	30ml
番茄紅醬	50克	鹽	少許
蒜片	10克	豌豆苗	1小把

2. 爆香

3. 加白酒

作法 Step by Step

1／ 天使細麵以加鹽滾水煮2分半鐘，撈起備用。

2／ 火腿切細條，與洋蔥末入鍋爆香，再放蒜片炒香，加鹽調味。

3／ 加番茄紅醬、白酒炒勻。

4／ 放入天使細麵和2大匙煮麵水炒勻，起鍋之前拌入豌豆苗即可。

帶著蒜香與番茄酸香，
麵條Q勁十足，帶便當
放到中午也不會糊爛。

24

花生約翰漢堡

配菜／地瓜沙拉、青花菜、蘋果

女兒說便當想帶漢堡，「而且要用刀叉吃！」女兒說。

「刀叉？是有麵包的漢堡？還是漢堡排？」我小心翼翼確認。
「當然是有麵包那種。」女兒豪氣說，「還要加生洋蔥。」

好吧，那就帶花生約翰漢堡。

只吃漢堡太單調，想做點馬鈴薯沙拉，偏偏女兒不愛馬鈴薯、速食店薯條也不吃，因此我家的咖哩都不加馬鈴薯。乾脆以地瓜代替馬鈴薯做沙拉，搭配煎培根、水煮蛋、小黃瓜、芥末籽、美乃滋拌成沙拉，我還偷偷加了水煮紅蘿蔔薄片配色。

裝盒前再次問女兒，「妳真的要用刀叉吃？麵包、漢堡排、洋蔥分開放，妳自己組合唷。」我說。若要使用刀叉品嘗，得用大一些的不鏽鋼餐盒裝盛。

女兒說：「幹嘛用刀叉？你直接組合，用紙包起來，吃起來比較方便。」
我：「可是，妳不是堅持要用刀叉吃……。」

女兒頭一甩，雲淡風輕，彷彿沒這回事。
女兒心，海底針。

花生醬漢堡

🕐 10分鐘　　👍 難易度：★★　　 器具：丸十金網、turk 26cm煎鍋、烤箱

材料（1人份）

牛肉漢堡排......1片

漢堡麵包......1個

花生醬......1大匙

起司......1片

洋蔥圈......3圈

小黃瓜片......6片

作法 Step by Step

1／漢堡麵包放在烤網上，直火烤至剖面呈金黃色。

2／漢堡排煎上色，放入已預熱烤箱以180度烤4分鐘。

3／麵包鋪小黃瓜片、洋蔥圈。再鋪上漢堡排，趁熱放起司，再淋花生醬。

Point

漢堡可夾煎火腿、起司、煎蛋或馬鈴薯沙拉。

Finish

火腿蛋起司漢堡

火腿起司沙拉漢堡

地瓜沙拉

 20分鐘　　 難易度：★

2人份　　器具：電鍋、湯鍋、煎鍋

材料 Ingredients

地瓜	1條	小黃瓜片	20克
厚培根	30克	紅蘿蔔片	20克
日式美乃滋	50克	芥末籽醬	少許

作法 Step by Step

1／ 地瓜蒸熟後去皮切小塊。

2／ 紅蘿蔔片以滾水汆燙撈起瀝乾。

3／ 培根切條煎香，連釋出的油脂倒入地瓜。

4／ 加入紅蘿蔔片、小黃瓜片、美乃滋、芥末籽醬拌勻。

Point

日式美乃滋帶酸度，台式美乃滋較甜。可依喜好加黑胡椒粉調味。

25

芝 麻 的 味 道

配菜／麻醬麵、水煮蛋

每天便當都帶飯配菜，做得都有點膩了，問問女兒是否想換口味。

女兒思索一會兒說：「那就幫我帶那種醬吃起來有點苦苦的麵。」

哪裡苦了啦！女兒說的是麻醬麵，因為上回我把麻醬調得太濃，所以她覺得有些微苦，那其實是芝麻焙炒過的味道。

好啦，我換一個新品牌「慶一」芝麻醬，這罐十分新鮮，質地非常濃稠，若直接舀一小匙入口，保證口水頓時被吸光，會馬上找水喝，就知道有多麼純、多麼實在了。

原想使用義大利天使細麵，但女兒堅持要吃白麵條，若一早就帶去學校，中午恐怕變成一大坨，所以改中午親送便當。

1大匙芝麻醬加2大匙開水拌開，加1大匙醬油、半匙醋拌勻，再拌入1匙蒜泥。慶一的芝麻醬不會苦，沒有焙炒過頭的焦味，加上醬油略帶甜味，所以就不加糖了。

煮好的白麵條趁熱拌入調好的芝麻醬裡，試吃一口，麻醬香氣濃郁不膩，後悔沒煮多一點麵自個兒吃。

女兒雖說不想吃肉，配菜還是放一點吧。小黃瓜刨長薄片，捲入燙熟的五花肉片，沾點蒜泥醬油，再加顆水煮蛋增加蛋白質吧。

蒜泥白肉卷

 15分鐘　👍 難易度：★　🍳 器具：湯鍋、刨刀

材料（1人份）

豬五花火鍋肉片......6片

小黃瓜......1根

醬油......15ml

蒜頭......1瓣

鹽......少許

作法 Step by Step

1/ 蒜頭榨成泥，加醬油拌勻成醬汁。

2/ 燒一鍋水，水滾後加少許鹽，轉小火，放入五花肉片煮熟，撈起放涼。

3/ 小黃瓜橫放，以削皮刀削出薄長片。

4/ 小黃瓜片鋪上五花肉片，捲起，沾蒜泥醬油。

Finish

Point

若怕太油，可將豬五花火鍋肉片
換成梅花火鍋肉片。蒜泥醬油可換成梅子醬油，風味更清新解膩。

1. 拌蒜醬

2. 煮肉片

3. 削薄片

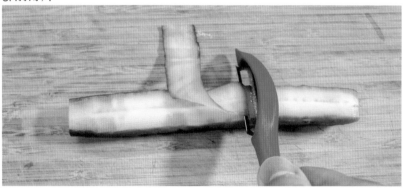

4. 捲肉片

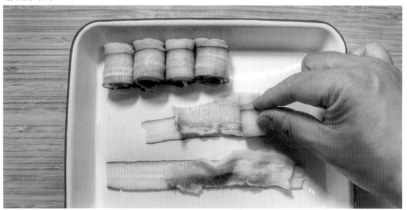

變化菜色

麻醬冷麵

🕐 20分鐘　　👍 難易度：★

🍴 2人份　　🍳 器具：鑄鐵鍋

材料 Ingredients

天使細麵	160克	香油	1大匙
芝麻醬	2大匙	糖	1小匙
水	4大匙	蒜末	1大匙
醬油	2大匙	小黃瓜絲	適量
醋	1大匙		

作法 Step by Step

1／天使細麵以加鹽滾水煮熟，撈起沖冷開水瀝乾，放涼盛盤。

2／芝麻醬分次加水、香油調開，加醬油、醋攪拌均勻，放糖、蒜末拌勻，淋在麵條上，搭配小黃瓜品嘗。

26

自踩桂竹筍

配菜／清炒高麗菜苗、炒豆乾、太陽蛋

同學在拉拉山有個小果園，偶爾會邀幾個好友一起上山，女兒最愛砍竹、燒柴、烤肉。

若季節對了，還能吃到在欉紅的水蜜桃或李子，或是採桂竹筍、摘高麗菜苗。

女兒在竹林裡採了桂竹筍，剝了殼便入滾水殺青，還帶了一些回台北。桂竹筍就來燒肉，已殺青的桂竹筍手剝成條，也不用刀了，再掐成小段。蔥段、蒜頭爆香，放五花肉煎上色，淋些醬油燒一下，放入桂竹筍和雞高湯煮滾，轉小火燒個 30 分鐘，味道香噴噴。

便當菜除了自採的桂竹筍燒五花肉，還有女兒摘的高麗菜苗。

或許，今天便當味道猶如小王子喝的井水，就像大宴一般甜美。美味來自於山林裡的步行、微風吹過樹梢的歌聲、陽光的洗禮，以及她雙臂的努力。

我稱讚：「這都是靠妳雙手的努力，很棒。」
女兒卻頂嘴：「才不是咧，應該說是我雙腳的努力！」
啊，對啦，因為桂竹筍不是用挖的，也不是用採的，只需用腳輕輕一踩就能踩斷。

自己動手就是特別好吃，不，我更正，應是自己動「腳」就是特別美味。

獻給我那群一起苦讀四年中文的同學，以後小孩頂嘴，就這樣回：「汝父久未贊汝，汝不知汝父履幾番乎。」

桂竹筍燒肉

🕐 50分鐘　👍 難易度：★　🍳 器具：staub 18cm琺瑯鑄鐵鍋

材料（4人份）

五花肉......500克

桂竹筍......300克

醬油......150ml

米酒......30ml

蒜頭......3瓣

蔥......1支

雞高湯......300ml

鹽......少許

作法 Step by Step

1／ 桂竹筍剝殼，放進加入少許鹽的滾水中煮過殺青。

2／ 桂竹筍切小段，五花肉切小塊。

3／ 爆香蔥、蒜，放入五花肉煎至表面變色。

4／ 加醬油燒一下，放入桂竹筍、雞高湯、米酒煮滾。

5／ 轉小火燒30分鐘，即完成。

Point

若是已殺青的桂竹筍，使用前以滾水汆燙一下。

Finish

鹽烤松阪肉

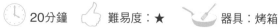變化菜色

🕐 20分鐘　　👍 難易度：★　　🍳 器具：烤箱

材 料 Ingredients（1人份）

松阪肉.....150克　　鹽之花.....10克　　米酒.....5ml

作 法 Step by Step

松阪肉抹米酒，再抹上鹽。放入已預熱的烤箱，以180
度烤15分鐘，取出切塊。

變化菜色

味噌松阪肉

 20分鐘　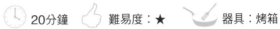 難易度：★　　器具：烤箱

材料 Ingredients（1人份）

松阪肉.....150克　味噌.....10克　米酒..... 5ml

作法 Step by Step

味噌加米酒拌勻，抹在松阪肉表面。放入已預熱的烤
箱，以180度烤15分鐘，取出切塊。

27

今天不加辣

配菜／蔥花蛋、青花菜、蜂蜜香檬汁

老婆想吃蒼蠅頭，於是買了韭菜花。早上多炒一些，母女倆都有便當可帶。

女兒問：「什麼是蒼蠅頭？」
就是抓很多大蒼蠅，把頭拔下來，然後炒一炒啊！當然，我只能在心裡這樣想，不敢說出來。

想起多年前在台中清水銀聯二村門口小店，下午時分，店家養的狗狗躺在地上動也不動，身上鋪了兩大張捕蠅紙，上頭密密麻麻黏滿了蒼蠅。

詢問店家怎麼回事，老闆笑道：「這裡白天蒼蠅太多了，但太陽一下山，蒼蠅就通通不見，才能開門做生意。」那一家店的麻辣臭豆腐鍋、蔥油餅好吃極了。那時候應該捕一堆蒼蠅來做蒼蠅頭的 (大誤)。

「很多人以為蒼蠅頭是川菜，其實它是正港台灣人發明的台式川味，是台灣皇城老媽老闆發明的菜色。」我說。
女兒點點頭。

不好意思啊，因為女兒要帶便當，蒼蠅頭就不加辣椒了。
再烘顆蔥花蛋，配上青花菜，今天沒水果，加一罐蜂蜜香檬汁吧。
老婆想要中午吃飽飽，就可以不用吃晚餐，所以老婆便當除了蒼蠅頭、青花菜，再來兩顆蛋。

我呢，中午就來吃蒼蠅頭飯團。

蒼蠅頭

 20分鐘　👍難易度：★　🍳器具：金子恭史20cm煎鍋

材料（1人份）

韭菜花末......80克

絞肉......50克

豆豉......10克

蒜末......5克

醬油......10ml

紹興酒......5ml

作法 Step by Step

1／將絞肉炒至變色。

2／加豆豉、蒜末炒香。

3／放韭菜末翻炒均勻。

4／加醬油調味，熗些紹興酒。

Finish

Point

也可加皮蛋丁一起翻炒。

1. 炒肉

2. 加豆豉

3. 放韭菜

4. 紹興酒熗鍋

韭菜花炒花枝丸

🕐 10分鐘　👍 難易度：★　🍳 器具：turk 16cm煎鍋

材料 Ingredients（1人份）

韭菜花........20克		紅蘿蔔........10克	
花枝丸..........2顆		鹽...............少許	

作法 Step by Step

1／ 花枝丸切片、紅蘿蔔切薄片、韭菜花切小段。

2／ 以少許油將花枝丸、紅蘿蔔片煎香。放韭菜花炒熟，以鹽調味。

變化菜色

韭菜花炒甜不辣

🕐 10分鐘　👍 難易度：★　🍳 器具：turk 16cm煎鍋

材料 Ingredients（1人份）

韭菜花..........20克　　　紅蘿蔔絲........5克　　　蒜頭.......1瓣

基隆甜不辣....5條　　　　鹽................少許

作法 Step by Step

1／蒜頭切片，韭菜花切小段。

2／甜不辣以少許油煎熱，放蒜頭炒香。放韭菜花、
　　紅蘿蔔絲炒香，以鹽調味。

28

是嘎拋還是打拋？

配菜／太陽蛋、蜂蜜檸檬汁

在桃園忠貞市場買到嘎拋葉、香柳、刺芫荽等香草，決定幫女兒做嘎拋肉帶便當。

「嘎拋葉就是台灣人常說的打拋葉，嘎拋肉就是打拋肉。」我說。
「我知道啦，你說過很多次了。」女兒笑著說，「打拋肉不是打來打去、拋來拋去的肉。」
「妳還蠻聰明的嘛。」我說。
「那當然。」女兒說，「但到底是嘎拋還是打拋？」
「都可以，就是翻譯，其實翻成嘎拋會比較適合。同樣的東西在不同地方或許會有不同名稱。」我說，「就像香柳，也有人叫它叻沙葉；刺芫荽也有人稱為印度香菜。」

但一定搞清楚來龍去脈。嘎拋肉重點是加嘎拋葉，台灣很多餐廳改以九層塔代替可以理解，兩者味道類似，都屬於羅勒的一種，但嘎拋葉氣味較淡。「台灣人把這道菜加小番茄也好吃，變得很接地氣。」我笑說，但我們家的版本不加小番茄，畢竟原本的嘎拋肉就沒番茄，這道菜不應帶酸味。
女兒點點頭。

舉一反三、創新求變很重要，但基礎得打好。比如提拉米蘇是以馬斯卡邦起司製作，千萬別以為是鮮奶油；麻婆豆腐使用郫縣豆瓣因而油色紅亮，而非偷呷步添加番茄醬。偶爾趁機跟女兒說說這些飲食知識，用味覺好好記住。

「搭配嘎拋肉的煎蛋，蛋黃不要太熟，愈生愈好。」女兒交代。
嘎拋肉是重口味下飯菜，米飯幫妳多添一些。

嘎拋肉

 20分鐘　　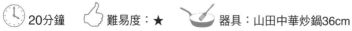難易度：★　　器具：山田中華炒鍋36cm

材料（4人份）

豬絞肉......300克

嘎拋葉......1小把

蒜頭......8瓣

紅蔥頭......4瓣

椰糖......1大匙

魚露......1小匙

醬油......1大匙

蠔油......半大匙

水......少許

作法 Step by Step

1 / 椰糖加魚露、醬油、蠔油拌勻成醬汁。

2 / 蒜頭、紅蔥頭搗碎，入鍋爆香。

3 / 放入豬絞肉，加少許水，炒至變色。

4 / 加醬汁拌炒均勻。

5 / 起鍋前放入嘎拋葉炒勻。

Finish

1. 調醬

2. 爆香

3. 炒肉

5. 翻炒

4. 調味

印度香菜炒皮蛋碎肉

1. 油煎

3. 調味

4. 下料

🕐 20分鐘　　👍 難易度：★

🍴 1人份　　 器具：turk 26cm煎鍋

材 料 Ingredients

刺芫荽	1把	醬油	5ml
皮蛋	1顆	魚露	5ml
絞肉	80克	蒜末	5克

作 法 Step by Step

1／ 皮蛋一切六或切丁，略為油煎後取出。

2／ 將絞肉炒至變色，放蒜末炒香。

3／ 加魚露、醬油調味炒勻。

4／ 起鍋前拌入切碎的刺芫荽、皮蛋。

Point

皮蛋可先蒸過，較方便切片或切丁。

29

女兒心，海底針

配菜／紅鬚玉米筍、番茄肉卷、鹽麴雞柳、蒜味小香腸、
烤牛肋條、伊比利松阪豬花生三明治

女兒說：「我不想吃飯。」

驚！女兒是飯桶，怎麼不想吃飯了。「那改吃麵？」我問。

女兒說：「飯、麵都不要，我不想吃澱粉質。」

大驚！

我說：「妳確定？那我做烤肉三明治。」

女兒大喜，點點頭。

我說：「但，吐司是澱粉質喔。」

女兒說：「那不算。」

妳說了算，再搭配烤肉串吧。

將蛋汁加點味醂打勻煎成玉子燒，女兒喜歡帶點甜甜的口味。

女兒吃了一片玉子燒驚呼：「甜的耶，我想吃鹹的啦。」

我說：「妳上次說甜甜的玉子燒才好吃啊。」

女兒：「上次是上次，這次是這次，我今天想吃鹹的。」

女兒心，海底針。

女兒終於考完期末考，放學接她回家，瞧她一副如釋重負的喜孜孜模樣。

「準備放暑假了，便當要不要帶妳最喜歡的烤肉飯呢？」我問，其實是因為前兩日醃了一盒肉片起來，得趕緊出清。

「我現在最愛的不是烤肉飯了。」女兒說。

我大吃一驚，烤肉飯一直是她的最愛，是絕對不會分同學的最愛。

「我現在最愛的是水果大餐，沒有飯也可以。」女兒說。

女兒心，海底針！

不管，今天就是要把肉片用掉。

羽衣甘藍肉卷

🕐 15分鐘　👍 難易度：★　🍳 器具：煎烤盤

材料（1人份）

羽衣甘藍......1大片

五花火鍋肉片......5片

醬油......5ml

味醂......5ml

作法 Step by Step

1／火鍋肉片重疊成一大張。

2／淋混合均勻的醬油和味醂，靜置5分鐘。

3／取羽衣甘藍葉鋪在肉片上。

4／由一邊捲起成圓柱狀。

5／封口朝下入鍋煎熟，取出切段。

Finish

Point

羽衣甘藍可換成九層塔、紫蘇葉。肉片保持微冰狀態較易層疊、包捲。

2. 調味

3. 鋪葉

4. 包捲

5. 煎熟

番茄肉卷

 10分鐘　👍 難易度：★　🍳 器具：煎烤盤

材料 Ingredients（1人份）

五花火鍋肉片....4片　　醬油.................5ml

小番茄.............4粒　　味醂.................5ml

作法 Step by Step

1／肉片加醬油和味醂醃5分鐘。

2／以肉片將小番茄捲起，封口朝下入鍋煎熟。

炸雞片

變化菜色

🕐 20分鐘　👍 難易度：★　🍳 器具：油炸鍋

材料 Ingredients（1人份）

雞胸肉片..70克	味醂..........5ml	胡椒粉.....少許
醬油..........5ml	蒜末..........5克	麵粉........適量

作法 Step by Step

1／雞胸肉加醬油、味醂、蒜末和胡椒粉醃15分鐘。

2／雞胸肉表面灑薄薄一層麵粉，以180℃油溫炸約3分鐘至表面呈現金黃色。

30

黯然銷魂叉燒飯

配菜／青江菜、太陽蛋、凍檸茶

女兒年幼時，我們帶她到香港旅遊好幾次，或許是天氣炎熱，那時她都不肯走路，只想要人抱抱，除非進了有冷氣的室內，因此被我嘲笑是「垃圾不落地」。

在香港友人的帶領之下，嘗了許多大餐廳、道地小食。女兒笑說：「我第一次吃泡麵就是在香港迪士尼酒店。」因為她太早睡著，半夜醒來肚子餓，只好拿泡麵救急，卻也讓她津津樂道許久。

每天早上我們都會找一家茶餐廳，吃公仔麵、通粉、滑蛋多士、豬腸粉，喝凍檸茶、鴛鴦。也在餐廳吃了叉燒、乳豬、煎釀鯪魚等，都成為旅途中的美好回憶。

看了電視重播再重播的《食神》，決定來做叉燒。女兒不解，「到底有什麼好看的？」

「妳不懂，那是經典呀！我大概看了9527次。」我正經說道。

女兒翻白眼。

我準備了四種配方，測試後，女兒最愛D配方。她說：「因為有蜂蜜味道，甜甜的很香。」

讓女兒帶了叉燒飯便當上學，放學回家後，我忍不住問：「妳有沒有覺得這叉燒太棒了！塵世間沒有形容詞可以形容它！」我腦子內彷彿看到女兒趴在叉燒肉上打滾的模樣。

女兒說：「中午打開便當盒的時候，我差點流淚，有一種哀傷感。」

是洋蔥，我加了洋蔥。吃了這碗飯，令人感動地落淚，怪不得叫黯然銷魂飯，實在太黯然了，太銷魂了。

咦，我沒加洋蔥啊。

「黯什麼然？銷什麼魂？你忘了幫我帶湯匙啦！」女兒忿忿說道。

叉燒肉

 30分鐘　難易度：★★　器具：烤箱

材料（2人份）

梅頭肉......200g

蜂蜜......5克

醃料

南乳醬......15克

蜂蜜......5克

蠔油......5克

醬油......5克

老抽......5克

玫瑰露酒......5克

砂糖......20克

五香粉......少許

胡椒粉......少許

蒜末......5克

紅蔥頭末......5克

作法 Step by Step

1/ 將所有醃料攪拌均勻。

2/ 以肉針或竹籤在梅頭肉上戳洞幫助醃漬
入味。

3/ 將梅頭肉加醃料放入密封袋，冷藏醃漬
1天。

4/ 取出梅頭肉，瀝乾醃汁。將蜂蜜加少許
醃汁調勻。

5/ 放入已預熱的烤箱，以200度烤20分
鐘。烤10分鐘時在表面刷蜂蜜，翻面再
烤10分鐘，再刷蜂蜜。

6/ 將烤箱溫度提高至230度至250度，每面
再烤2～3分鐘，至表面焦香。

7/ 取出稍微放涼，即可切片。

Point

梅頭肉為梅花肉前端，筋膜較多，烤過後較有口感。蜂蜜可換成麥芽糖。

1. 調醬

2. 鬆肉

3. 醃漬

Finish

5. 烤熟

🕐 20分鐘　👍 難易度：★

🍴 1人份　🍳 器具：湯鍋、煎鍋

材料 Ingredients

通心粉	50克	吐司	1片
雞高湯	300ml	蛋	1顆
鹽	少許	牛奶	20ml
火腿	1片	奶油	少許

作法 Step by Step

1／通心粉以加鹽滾水煮10至12分鐘，撈起瀝乾。

2／雞高湯煮滾，放入通心粉、切絲的火腿再煮滾，以鹽調味。

3／蛋加牛奶、鹽打勻，入鍋快速翻炒成嫩蛋。

4／吐司去邊，抹上奶油後對切成三角形。

31

省事的便當菜

配菜／滷蛋、滷豆乾、滷油豆腐、炒蒜苗

餓童好方便料理

尾牙時滷了一鍋五花肉搭配刈包，趁機告訴女兒，刈包也稱虎咬豬。

女兒不解：「哪裡像了？老虎會咬香菜嗎？我的刈包不加香菜。」
「我要肥一點的肉，吃起來比較順口。」女兒咯咯笑，「老虎應該也喜歡肥肉吧。」

滷肉算是很省事的便當菜，滷一鍋能吃上好幾天，剩下的滷汁還能滷蛋、滷豆乾等。除了傳統風味的滷肉，女兒也很喜歡滋味鹹甘酸甜的高昇排骨。

高昇排骨可稱為零失敗料理，基本上所有食材入鍋後，煮 30~40 分鐘即可。多年前在臉書社團貼了做法，熱燒了兩、三個月。公司許多原本不下廚、不會做菜的人妻學會後立馬信心大增，廚房新手會有無比的成就感。

所謂的高昇排骨，調味料是酒 1：烏醋 2：糖 3：醬油 4：水 5，調味料比例一個比一個高，因而有步步高昇之美名。1 斤排骨配 1 大匙酒、2 大匙烏醋、3 大匙糖、4 大匙醬油，至於水，實際上我會多加一些。高昇排骨的甜味略重，若不喜歡太甜，可將糖量減為與醋等比。
只要把排骨和調味料通通放入鍋裡煮滾，轉小火燜煮 30 至 40 分鐘，掀蓋轉中火把醬汁燒至略乾即可。若想上色更均勻，過程中可將排骨翻面幾次。排骨吃來鹹香甘甜帶酸，滋味很下飯。燒煮時也可放薑片、蔥段、辣椒、蒜頭等辛香料，甚至放豆乾、蛋、雞翅、蒟蒻、杏鮑菇，這種醬汁幾乎是百搭。

女兒對高昇排骨的感想是「酸酸甜甜的超好吃。」
白飯得多煮一些呀。

焢肉

 100分鐘　　難易度：★★　　器具：staub 22cm琺瑯鑄鐵鍋

材料（12人份）

五花肉......12片（600克）

冰糖......15克

油......1大匙

醬油......120ml

老抽......80ml

紹興酒......100ml

熱水......200ml

蔥......1支

蒜頭......2瓣

作法 Step by Step

1／熱鍋加油，將五花肉煎一下定形。

2／取出五花肉，鍋內留少許油，放冰糖，小火炒至融化變褐色。

3／放入五花肉讓表面沾滿糖色。

4／加醬油、老抽滾煮一下。再加入紹興酒和剛好蓋過五花肉的熱水煮滾。

5／放蔥、蒜頭煮滾，轉小火，蓋上鍋蓋煮40分鐘，關火燜1小時。

Finish

1. 煎肉

2. 炒糖色

4. 調味

5. 加料

Point

滷汁可再滷蛋、豆乾等。前一夜滷好,隔日取要食用的分量蒸熟。

高昇排骨

變化菜色

🕐 50分鐘　　👍 難易度：★

🍴 4人份　　🍳 器具：鑄鐵鍋

材料 Ingredients

小排	1斤	糖	3大匙
酒	1大匙	醬油	4大匙
烏醋	2大匙	水	5大匙

作法 Step by Step

1／ 小排汆燙洗淨。

2／ 小排入鍋，加酒、烏醋、糖、醬油、水煮滾。

3／ 蓋鍋蓋，轉小火煮30至40分鐘。

4／ 開蓋轉中小火，將醬汁燒至略收乾。

Point

水可酌量添加讓滷汁變多，亦可加鵪鶉蛋、豆乾、紅蘿蔔、蒟蒻絲等滷煮。醋、糖比例可自行調整。

32

周一家庭咖哩日

配菜／嫩蛋、炒時蔬、法國茱麗葉蘋果

我有好幾年都固定周一休假，當天能準時女兒接下課，父女倆來場小約會，四處逛逛、吃晚餐。但某次煮了日式咖哩，女兒再也不想外食，於是周一成了我們家的咖哩日。

女兒和媽媽一樣不愛馬鈴薯，所以通常只以牛肋條、洋蔥、紅蘿蔔3樣食材為主，再添加蘋果或梨子。雖然女兒視紅蘿蔔為宿敵，但那是甜味來源，只需切小塊一點，不但容易煮軟，也減少她挑出來的機會。

大量洋蔥是必要的，當洋蔥煮到幾乎化了，醬汁會比牛肉更吸引人。若喜歡，也可加些椰漿；咖哩塊也可混搭，像是一半改加番茄燴飯醬或新鮮番茄。但日式咖哩放隔夜才會更入味，早晨做便當就適合做快速版咖哩，將絞肉調味裹在鵪鶉蛋外表，入鍋煮定形，再加咖哩塊燉一下即可。

品嘗時，白飯上鋪片起司或蛋包，再澆咖哩醬，都會更美味。另一種私房吃法則是白飯上鋪高麗菜絲，再淋咖哩醬，但較適合南洋風味咖哩。

女兒偶爾會笑著抱怨：「好煩，吃咖哩都會忍不住多添一碗飯。」

另外，平常不想女兒那麼快長大，免得被莫名其妙的陌生男人騙走（悲哀的父親的心聲），吃咖哩時卻會希望她快快長大，大到可以吃辣，那我就可以煮很辣很過癮的咖哩了。

咖哩蛋蛋

🕐 20分鐘　👍 難易度：★　🍳 器具：湯鍋

材料（2人份）

鵪鶉蛋......12顆

絞肉......350克

咖哩粉......5克

鹽......1小匙

咖哩塊......2塊

作法 Step by Step

1／ 鵪鶉蛋放入滾水煮熟後撈起放涼。

2／ 絞肉加鹽攪拌至有黏性，加咖哩粉拌勻。

3／ 取適量絞肉包住鵪鶉蛋。

4／ 放入滾水煮至定形，倒掉部分水，放咖哩塊煮至溶化。

Finish

Point

鵪鶉蛋亦可包裹在調味過的絞肉裡，直接油煎或油炸後品嘗。

1. 煮熟

2. 調味

3. 包肉

4. 滾煮

33

別把有趣當可愛的便當

配菜／玉子燒、煎肉餅、德式香腸

女兒希望我做「有趣」的便當。

我：「可是我不會做可愛的。」

女兒：「是有趣的，不是可愛。」

我平常不苟言笑、生活乏味，哪裡有趣。只好捏個飯團，米飯加男梅拌飯料染成紅色，以蔬菜拌飯料染成綠色，做成西瓜飯團。

再煎個玉子燒，趁熱以鋁箔紙捲起，塑成三角形；再煎肉餅、香腸。

我：「這樣可愛嗎？」

女兒：「是有趣，不是可愛。」

小女孩的話好難懂，但女兒依舊保持天真，新冠肺炎肆虐時，跟她說「今年聖誕老公公不能送妳禮物了。」

女兒語氣無奈說：「我知道，來台灣要先隔離 14 天是吧。他可以早點出發啊，我真的沒有聖誕禮物了嗎？」

我說：「應該沒有了，聖誕老公公入境會被隔離。但是妳根本沒有告訴聖誕老公公想要什麼禮物啊。」

「看他想送什麼給我都可以。」女兒有點委屈，但語氣一轉，「明天我要校外教學，你幫我做午餐便當。」

因才從南部出差回來，我拒絕了。

女兒撒嬌：「不管啦，隨便煮什麼都好。」

想想，清晨還是進了廚房，拿了一包在全聯買的少女之心包裝米，據說吃了就會變成少女 (大誤)，其實這是高雄 147，屬於香米品種，炊成白飯會帶著一股類似芋頭的淡雅香氣。炊好、鬆飯，以紙巾蓋緊保濕，一邊吹電風扇加速降溫，來做梅子飯團吧。

既然都用少女之心了，少女心大爆發，飯團做成花朵吧。

灑花轉圈圈，也算完成一個少女的願望了。

西瓜飯團

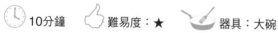 10分鐘　　難易度：★　　器具：大碗

材料（1人份）

米飯......80克

男梅拌飯料......少許

蔬菜拌飯料......少許

作法 Step by Step

1／取60克米飯拌入男梅拌飯料，另20克米
飯加蔬菜拌飯料拌勻。

2／男梅米飯塑成三角形，底部加蔬菜米飯
塑形。

1. 拌飯

Finish

變化菜色
花朵飯團

🕐 10分鐘　👍 難易度：★　🍳 器具：花朵雞蛋糕鑄鐵模

材 料（1人份）　米飯......200克　男梅拌飯料......15克

作 法 Step by Step

1／ 花朵雞蛋糕鑄鐵模上鋪一層保鮮膜。

2／ 米飯拌入男梅拌飯料。取適量米飯填
　　入鑄鐵模，略壓實後取出。將兩個飯
　　團合起即成立體花朵飯團。

變化菜色
嫩蛋小黃瓜軍艦

🕐 10分鐘　👍 難易度：★　🍳 器具：turk 16cm煎鍋

材 料（1人份）米飯...100克　小黃瓜...1根　蛋...1顆　牛奶...少許　鹽...少許

作 法 Step by Step

1／ 蛋加牛奶、鹽打勻，入鍋炒成嫩蛋。

2／ 小黃瓜刨成長薄片。小黃瓜薄片圈成
　　橢圓形，填入米飯，鋪嫩蛋。

手毬飯團

 20分鐘　　 難易度：★　　器具：鑄鐵鍋

材料 Ingredients（1人份）

米飯	150克	培根	10克
脆梅	1顆	覆盆子醋	5ml
白芝麻	少許	糖	5克
鹽	少許	厚培根	1片
柴魚片	少許	蛋	1顆
小黃瓜	1小段	梅汁	5ml

作法 Step by Step

1／米飯分成6份。

2／脆梅切碎，白芝麻加鹽入乾鍋炒香。

3／小黃瓜刨薄片，灑鹽抓醃，擠乾水分，加醋、糖醃漬10分鐘，厚培根煎香。

4／蛋加少許鹽打勻，入鍋煎成蛋皮，切成絲。

5／米飯分別拌入脆梅、白芝麻、小黃瓜培根、柴魚片、梅汁後，揉成小球。

6／另一份米飯揉成球形，外表裹蛋絲。

脆梅飯糰　　　　　　小黃瓜培根飯糰

焙炒芝麻飯糰　　　　蛋絲飯糰

細削鮪魚柴魚片飯糰　梅汁飯糰

34

我家的異香料理

配菜／蔥花蛋卷、炒豆乾絲、青花菜、蘋果

睡前跟女兒宣布隔日便當菜色：「我要做蝦油燒雞。」
女兒問：「為什麼？」
我說：「不要問為什麼，要問妳能為國家做什麼。」
女兒：「……。」

因為去南門市場，順手買了一瓶蝦油，決定把它當魚露使用。
女兒問：「蝦油是什麼？」
我說：「就是臭魚爛蝦做的。」
女兒臉色大驚。
「開玩笑啦！蝦油其實是以小魚、小蝦醃漬、發酵、提煉而成。」
我笑著，「說是油，其實蝦油類似魚露，聞起來鹹鹹臭臭，但煮
起來很香。但台灣現在很少使用純蝦做的蝦油，很久以前，蝦油
是台灣人常用的調味料。」
女兒點點頭，「我知道了，蝦油就是魚露，吃泰國菜常常會有那
股味道。不會臭啊，我很喜歡。」
或許是我們家常吃東南亞風味，所以女兒對峇拉煎（蝦醬）、魚
露等調味料一點也不陌生。這種有些人覺得臭，愛者卻趨之若鶩
的味道，我們稱作「異香」，女兒也很愛，就像臭豆腐、皮蛋等，
氣味愈重愈好吃，女兒也愛不釋口。

女兒突然說：「但我想吃三杯雞。」
我說：「妳也知道三杯雞？」
女兒說：「就是一杯醬油、一杯香油、一杯酒，很好吃。」
嗯，我們家用的是山東水洗式小磨香油，香氣不輸一般麻油，或
許女兒分不清兩者差別。
我說：「不管，我就是要做蝦油燒雞。等我上市場買九層塔，三
杯雞一定要放九層塔才香。」

蝦油燒雞

 10分鐘　難易度：★　器具：金子恭史 20cm煎鍋

材料（2人份）

雞腿......200克

蝦油或魚露......1大匙

糖......1大匙

醋......1/2大匙

作法 Step by Step

1/ 雞腿切成適口大小。

2/ 熱鍋放油，將雞皮朝下入鍋，煎成
　 金黃色。

3/ 翻面煎一下，淋上拌勻的蝦油、糖
　 和醋。

4/ 蓋上鍋蓋再煎3分鐘，掀開鍋蓋煎至
　 醬汁收乾。

Finish

2. 油煎

3. 調味

Point

淋醬汁時可添加1片檸檬葉，吃來會帶著南洋風味。

臭皮蛋

⏰ 20分鐘　　👍 難易度：★

🍴 2人份　　 器具：電鍋、turk 26cm煎鍋

1. 蒸熟

2. 炒肉

3. 拌炒

材料 Ingredients

皮蛋.................1顆

臭豆腐.............2塊

絞肉...............50克

蒜頭.................2瓣

醬油...............1大匙

蠔油...............1大匙

蔥花............... 少許

作法 Step by Step

1／皮蛋放入電鍋蒸熟，放涼剝殼切成小塊。臭豆腐切丁、蒜頭切末。

2／熱鍋放少許油，放絞肉炒至變色。

3／放蒜末、臭豆腐炒香。

4／加醬油、蠔油炒勻，起鍋灑蔥花。

35

全世界最好吃的炸雞

配菜／青花菜、蔬菜起司烘蛋

女兒年幼時，我在報社工作，每天早出晚歸，但下班不管多晚回到家，也要抱抱女兒，跟她說聲「我愛妳」。

有時外出玩了一天，女兒回家時總愛嚷著要抱抱。
「都幾歲了，還要抱？」我雖這麼說，女兒卻露出得意笑容撲向我的懷抱。
「你是能抱到幾歲？再過幾年，你想抱，她還不見得要讓你抱咧。」老婆這麼說。
「我要讓爸比抱到 88 歲。」女兒說。
能不抱嗎？

每回女兒點菜，那就做吧，這是我的榮幸。但在家甚少做油炸食物，牛奶炸雞算是少數的例外。

女兒在幼兒園時曾瘋狂迷戀過一陣子「公主風」，看《冰雪奇緣》DVD 時，什麼話也聽不進去，但一問起這炸雞好不好吃，她也會將視線移開電視，笑著說：「好吃！這是全世界最好吃的炸雞！」有這句話足矣。

以牛奶醃漬，雞肉會很多汁。取紙袋或塑膠袋放少許麵粉、鹽，分次放入雞肉，封緊袋口用力搖，能讓雞肉表面均勻沾薄薄一層麵粉，換下一批雞肉時，若袋子內的麵粉太少，可斟酌再加一點，這種方式可有效使用麵粉不浪費，也裹得更均勻。雞肉沾麵粉後，室溫放半小時以上讓它回潮，以 180 度油溫炸至金黃色，或取小鍋，倒約 1 公分高的油，半煎半炸亦可，但切勿急著翻面，等一面煎好再翻面。

牛奶炸雞

🕐 40分鐘　　👍 難易度：★　　🍳 器具：鐵釜鍋或炸鍋

材料（2人份）

去骨雞腿......1支（約500克）

牛奶......100ml

洋蔥......半顆

麵粉......適量

鹽......少許

作法 Step by Step

1／ 雞腿切大塊、洋蔥切大片，加牛奶冷藏一夜。

2／ 取一塑膠袋或紙袋，放入少許的麵粉和鹽。

3／ 每次放入一塊雞腿，密封後搖勻，讓雞腿表面均勻裹上麵粉，取出放室溫靜置30分鐘。

4／ 熱鍋熱油，以半煎半炸方式將雞肉炸熟。

Finish

1.醃漬

3.裹麵粉

4.油炸

Point
可依喜好將麵粉添加黑胡椒粉、紅椒粉或薑黃粉。

蔬菜起司烘蛋

🕐 20分鐘　　👍 難易度：★

🍴 2人份　　🍳 器具：烤箱

材料 Ingredients

雞蛋..................1顆

櫛瓜..................1片

奶油起司........10克

小番茄.............2顆

鹽..................少許

洋蔥末...........10克

1. 拌料

2. 烘烤

作法 Step by Step

1/ 蛋加鹽打勻，放入切丁的櫛瓜、奶油起司、小番茄和洋蔥末拌勻。

2/ 放入已預熱的烤箱，以180度烤15分鐘。

Point

可放入各種蔬菜、起司，是相當美味的清冰箱料理。

加了起司，蛋香配合蔬菜甜味，冷食熱嘗都美味，很適合當成便當菜。

36

要吃趁鮮的花生醬

配菜／香蘭葉飯

我說：「今天早餐吃烤肉煎蛋小黃瓜番茄花生醬美乃滋烤吐司。」
「菜名好長，記不起來啦！」女兒說，「到底是什麼東西？」
「豬排三明治。」我回答。
「Errrr……」女兒再度翻白眼。

接連在基隆、雲林買了現磨無糖花生醬，早餐就來做基隆風味炭烤
三明治，抹花生醬、美乃滋，搭配烤里肌和煎蛋，再配杯冰可可。

女兒的午餐就改中午親送，提醒她記得到校門口拿便當，女兒淡淡
說：「倒是你不要忘了送。」
曾有那麼一次，我在家工作忘了時間，忽然接到一通電話，「爸比，
你怎麼還沒來？」女兒在校門口等不到我，還好碰見同學媽媽，借
了手機打電話，嚇得我立刻衝出門。
這件事被她唸了兩年，我哪敢再忘了啊。

因為買了美味的花生醬，趁著新鮮得趕緊吃，接連做了花生醬漢堡、
花生醬拌麵、花生醬火腿蛋起司三明治，想想來燉雞吧。

白米掏洗後，在後陽台剪兩片香蘭葉，洗淨打結鋪在白米上炊成香
蘭葉飯。
磨了些肉豆蔻，小豆蔻取籽，加些薑黃粉和小茴香拌成香料粉。
去骨雞腿肉皮朝下入鍋煎成金黃色後取出，利用雞肉釋出的油脂炒
薑泥、蒜泥，再炒香料粉，放洋蔥炒軟，灑點鹽，加番茄炒一下，
倒水和椰漿，勺兩三匙花生醬，小火燉 20 分鐘。
多了花生醬，不僅味道帶著堅果芬芳，醬汁也變得濃稠。

我很準時就到了校門口，希望女兒吃得開心。

花生醬燉雞

30分鐘　難易度：★★　器具：staub 18cm琺瑯鑄鐵鍋

材料（1人份）

切塊去骨雞腿......1支

肉豆蔻......半顆

小豆蔻......3顆

薑黃粉......1大匙

小茴香......1小匙

生薑......20克

蒜頭......20克

牛番茄......1顆

洋蔥......1顆

鹽......少許

椰漿......100ml

花生醬......50克

水......適量

作法 Step by Step

1／生薑磨泥、蒜頭壓泥，洋蔥、番茄都切成細丁。

2／小豆蔻取籽，肉豆蔻磨粉，與薑黃粉、小茴香拌成香料粉。

3／雞皮朝下入鍋煎至皮呈金黃色後起鍋。

4／利用雞皮釋出的油脂炒香薑泥、蒜泥，放香料粉。

5／放小茴香、小豆蔻炒一下，再放肉豆蔻粉、薑黃粉炒香。

6／放洋蔥炒軟，以鹽調味，加番茄炒一下。

7／加雞肉、水和椰漿，放花生醬煮滾，轉小火燉20分鐘。

Finish

花生醬豬排三明治

⏰ 20分鐘　　👍 難易度：★

🍴 2人份　　🍳 器具：煎鍋、煎烤盤

材料 Ingredients

吐司	3片	花生醬	20克
里肌肉	2片	蛋	1顆
小黃瓜	1小段	醬油	5ml
小番茄	4顆	糖	3克
美乃滋	15克	米酒	5ml

作法 Step by Step

1. 小黃瓜、小番茄都切片。

2. 里肌肉加入醬油、糖、米酒醃15分鐘，煎熟。

3. 蛋打勻後煎熟。

4. 吐司烤香，分別抹美乃滋、花生醬。

5. 分別鋪上煎蛋、里肌肉、小黃瓜和小番茄，疊起後對切。

5. 鋪料

37

夠味的下飯菜

配菜／炸雞排、清炒青江菜、炒嫩蛋、愛文芒果

在超市買盒絞肉，就得想出各種變化，最常做的就是蒸肉餅，只要加醃鳳梨、腐乳或鹹冬瓜調味，就能變出下飯好菜。

暑假到南投旅遊，特別去拜訪國宴大廚劉恒宏（阿宏師），享用了阿宏師做的套餐，女兒至今讚不絕口。旅途回程經過南投竹山買了醬筍，照著阿宏師的建議用來煮筍子湯，真是好喝。後來跟阿宏師聊天，才知道原來還有另一種甜醬筍，但我怎麼也無法想像甜醬筍的滋味。

隔了一陣子再到埔里，阿宏師送了我一大缸甜醬筍，還傳授了鹿谷、竹山在地人的傳統吃法，實在太有趣了。原來甜醬筍並非甜的，而是有鹹度且帶微酸，還有著類似醬菜的甘甜味。在地人吃法是將甜醬筍剁碎，加上蒜末、香菜末，再淋些香油撈勻，就這樣配著稀飯品嘗，鹹中帶甜，混合微酸辛香，這是我從來沒試過的滋味，感覺好開胃。

旅途中，我還聽到竹山人另一種吃法，是將砂糖灑在甜醬筍上，就這樣配著稀飯品嘗，實在太有食趣了。

這回把甜醬筍與蒜頭剁碎，拌入絞肉裡，捏成小丸子放入電鍋蒸熟，就是夠味的下飯菜。裝便當前讓女兒吃一顆，女兒想了想說：「有筍子的味道。」

當然，它是醬筍啊，當然有一股筍味，要是出現哈蜜瓜的哈味那就糟了。

重點是，絞肉終於用完囉。

醬筍蒸肉丸

🕐 20分鐘　　👍 難易度：★　　🍳 器具：電鍋或蒸鍋

材料（1人份）

絞肉......100克

香菜......1根

蛋汁......少許

太白粉......少許

甜醬筍......1小塊

胡椒粉......少許

糖......少許

醬油......少許

香油......少許

作法 Step by Step

1／ 絞肉加香菜末、甜醬筍、胡椒粉、糖、醬油、香油和蛋汁拌勻。

2／ 將肉餡摔打幾下至出現黏性，捏成小丸子。

3／ 放入電鍋，外鍋加半杯水，蒸約12分鐘。

Point

甜醬筍可換成蔭瓜、鹹冬瓜、醃鳳梨等，也可以加入這些醃漬物的醬汁。

1. 調味

Finish

香菜醬筍

 10分鐘　　 難易度：★

🍴 1人份　　🍳 器具：小碗

材料 Ingredients

甜醬筍..............1塊

蒜頭.................2瓣

香菜.................2根

香油.............1小匙

作法 Step by Step

甜醬筍切小塊、蒜頭切末、香菜切末，加香油攪
拌均勻，搭配稀飯品嘗。

38

我家的一鍋紹子

配菜／炒嫩蛋、蘋果

燉了一鍋紹子，便當就帶紹子麵。

女兒問：「什麼是紹子？」
「是以番茄、洋蔥、絞肉等燉煮而成，可說是雲南人的肉醬，我還加了雲南豆豉，所以會帶著特殊的香氣。」雲南人的紹子也會加辣椒、草果等調味，每家都有自個兒的味道。

女兒笑說：「我還以為是嗶嗶吹哨子咧，你上回帶我去柑仔店，有賣那個可以發出聲音的嗶嗶糖，我很想吃吃看。」
不行！居然想趁機跟我要糖果。

便當帶乾麵，鋪了炒嫩蛋，再勺上滿滿的紹子。要不是帶湯麵不方便，不然煮個雞湯底，打入蛋花，再加紹子調味，熱騰騰的湯頭鮮香可口，好吃極了。

之前在中和華新街買了緬甸的印度式烤餅，除了刷奶油、灑糖，也能搭配咖哩雞、豆油蔥等品嘗。
突發奇想，拿一碗紹子，加一塊咖哩塊蒸熱，就變成咖哩風味，以烤餅沾食當成早餐。

女兒笑著說：「毋湯！這樣我會吃太多啦。」

雲南紹子

🕐 60分鐘　　👍 難易度：★　　🥄 器具：staub 18cm琺瑯鑄鐵鍋

材料（3人份）

絞肉......150克

番茄......3顆

洋蔥......1顆

雲南豆豉餅......20克

蒜頭......4瓣

醬油......10ml

魚露......10ml

作法 Step by Step

1/ 番茄去皮切末，洋蔥切末，蒜頭切末。

2/ 熱鍋加少許油，下絞肉炒至變色，放入剁碎的雲南豆豉餅炒一下。

3/ 放洋蔥末、蒜末炒至變金黃色。

4/ 加醬油、魚露炒一下。

5/ 放番茄丁、蓋過食材的水煮滾，轉小火煮50分鐘。

Finish

2. 炒肉

3. 拌炒

4. 調味

5. 燉煮

Point

紹子醬可冷凍保存起來，覆熱後可拌麵、拌飯。也可加高湯煮成湯，搭配炒嫩蛋或打入蛋花做成湯麵湯底。

印度烤餅配咖哩

 10分鐘　　難易度：★

1人份　　器具：電鍋

材料 Ingredients

紹子醬.................. 250克

日式咖哩塊...1塊（20克）

印度烤餅.................. 1張

水............................ 1杯

作法 Step by Step

1／紹子醬加咖哩塊放入電鍋，外鍋
　加1杯水蒸熟。

2／蒸好的咖哩紹子醬搭配烤餅品嘗。

1.炊蒸

39

鹹中帶甜地瓜三吃

配菜／松露蛋卷

前幾年買到日本德島金時地瓜，紫紅皮、金黃肉，滋味香甜，質地綿密少纖維，好吃極了，那時常蒸來給女兒當早餐。這些年市場出現本土的栗子地瓜，風味很類似，偶爾會買一、兩斤，除了蒸烤，也能做些變化。

我說：「早餐是地瓜三吃。」
女兒問：「哪三吃？」
我說：「走著吃、站著吃、坐著吃。」
女兒：「……。」

一吃，地瓜燒培根。
二吃，起司烤地瓜。
三吃，奶油地瓜球。

「太好吃了！我都愛。」女兒說，「但我今天會不會一直放屁啊？」
纖維很細，不用擔心啦。

便當也能帶地瓜，除了地瓜飯，燒培根或燒豬肉都是不錯的口味。只用豬肉太無趣，先將五花肉抹鹽，以吸水紙包起，冷藏一夜，五花肉就會帶著鹹味，類似家鄉肉。爆香蒜片，放五花肉煎到微焦，灑些黑胡椒，放栗子地瓜，倒入半杯水，蓋上鍋蓋小火燜煮10分鐘，起鍋前3分鐘再放些櫛瓜燜熟。

我笑著跟女兒說：「有肉有菜、鹹中帶甜，要是沒吃完，歡迎訂學校營養午餐唷。」
女兒抖抖。

地瓜燒豬肉

 20分鐘　　👍 難易度：★　　🍳 器具：迷你鑄鐵鍋12cm

材 料（1人份）

栗子地瓜......50克

五花肉......80克

櫛瓜......4片

鹽......1小匙

黑胡椒......少許

切片蒜頭......1瓣

水......80ml

作 法 Step by Step

1/ 五花肉抹鹽，密封冷藏一夜，洗淨切成約
　　1公分厚片，櫛瓜和地瓜洗淨連皮切成約1
　　公分厚片。

2/ 冷鍋冷油放蒜片，小火煎一下，放五花肉
　　轉中火煎至上色，放地瓜拌一下。

3/ 加水，蓋上鍋蓋，以小火燒10分鐘，起鍋
　　前3分鐘放入櫛瓜燜熟，灑黑胡椒。

Finish

1. 抹鹽冷藏

2. 放入食材

3. 加水小火煮

奶油地瓜球

 30分鐘　👍 難易度：★　🍳 器具：電鍋

材料 Ingredients （1人份）

栗子地瓜.....1條　　奶油.....20克　　牛奶.....少許

作法 Step by Step

地瓜放入電鍋，外鍋放1杯水蒸熟，趁熱去皮，加奶油搗成泥，可斟酌加牛奶調整濕潤度，揉成小球。

地瓜燒培根

變化菜色

🕐 20分鐘　👍 難易度：★　🍳 器具：鑄鐵鍋

材料 Ingredients（1人份）

栗子地瓜片....50克	水................80ml
厚培根............1片	鹽................少許
蒜頭................1瓣	生熟蛋............1顆

作法 Step by Step

蒜頭、培根切片爆香，放地瓜略炒，加水蓋上鍋蓋，小火煮10分鐘，打開燒除水分，打入生熟蛋。

40

好棒棒蒸肉

配菜／雞汁燴娃娃菜、蛋卷、小番茄

女兒做蠢事常常被我糗，但我知道那是純真，她是個很棒的女兒，尤其聽到她說「爸比煮的菜最好吃了」，或是勾著我脖子說「爸比你好棒」，鋼鐵男子如我也融化了。

女兒，妳很棒！
今天我要為妳做一道好棒棒。

這道菜是新北市華新街鴻園雲南美食老闆娘教我的。華新街也稱為緬甸街，當地有許多雲南裔緬甸華僑開的小吃店，販售烤餅、豌豆粉、魚湯麵、擺夷米線等滇緬風味。這道菜使用多種香料搭配魚肉或絞肉，以芭蕉葉包起燒烤而成，算是擺夷口味。我稍微改良，插入一根香茅，氣味更香。

刺芫荽也有人稱為印度香菜、美國香菜、越南香菜，邊緣有刺，氣味比起一般香菜更濃烈。雲南人口中的香柳，又稱為叻沙葉、越南芫荽。這兩種都是做芭蕉葉蒸肉不可或缺的香草。至於芭蕉葉使用前洗淨，稍微火烤一下可使葉片軟化。

這道菜傳統是用火烤的，更能感受芭蕉葉的香氣，在家用蒸的比較方便，亦可使用烤箱烤熟。

絞肉加鹽拌勻摔打，加搗碎的香料，以整根香茅（先拍一下或以刀尖戳一戳）上，塑成棒狀，再以芭蕉葉包起，或蒸或烤都行。

每一口都馨香呢，是不是好棒棒。

芭蕉葉蒸肉

 40分鐘　　難易度：★★　　器具：蒸鍋、攪拌器

材料（6人份）

五花絞肉......350克

刺芫荽......30克

香柳......1把

香茅......5根

蒜頭......1瓣

紅蔥頭......30克

檸檬葉......3片

小番茄......6粒

鹽......1小匙

魚露......10ml

香油......少許

芭蕉葉......1張

作法 Step by Step

1／刺芫荽、香柳取葉片，檸檬葉去除葉梗，取一根香茅切碎，其餘的香茅切成小段。

2／刺芫荽、香柳、香茅碎、蒜頭、紅蔥頭、檸檬葉、小番茄，放入攪拌器，加魚露打碎。

3／絞肉加鹽、香油攪拌至出現黏性。

4／將香料碎拌入絞肉，攪拌均勻，摔打幾下成肉餡。

5／取適量肉餡裹在香茅段上，以芭蕉葉包起，放入電鍋，外鍋加1杯水蒸熟。

Point

若買不到芭蕉葉，可使用鋁箔紙代替。

2.香料攪碎

3.加鹽和香油

4.放香料捶打

5.肉餡裹成棒狀

Finish

香茅蝦

變化菜色

30分鐘　難易度：★★

6人份　器具：鑄鐵鍋

2. 攪拌成蝦漿

3. 裹成棒狀

4. 煎熟

材料 Ingredients

蝦仁............150克　　魚露............1小匙
檸檬葉............1片　　蒜頭............1瓣
香茅............7根　　紅蔥頭............1粒
鹽............1小匙

作法 Step by Step

1 / 香茅剝除外層，切除頭尾，取一根香茅切碎。

2 / 香茅碎、蝦仁、檸檬葉、鹽、魚露、蒜頭、紅蔥頭以攪拌器打碎成蝦漿。

3 / 蝦漿分成6份，分別插入一根香茅。

4 / 熱鍋倒多一點油，以半煎半炸方式煎熟即可。

41

像漩渦的圈圈便當

配菜／白帶魚卷、松露蛋卷、蒜香青花菜、紅豆湯

女兒班上同學幾乎人人有手機，她是少數沒使用的。

女兒說：「我不需要啊，在學校不能用，放學你就來接我了。」

她呵呵一笑說：「我有好的伙食就夠了。」

有了這句話，心裡高興得轉圈圈。

今天便當就帶圈圈風吧。

雞蛋做類似玉子燒的口味，蛋汁煎半熟，灑上松露粉，捲成蛋卷再切小段。

市售的白帶魚卷，肉其實很薄，味道很淡，多灑些鹽，拍點麵粉，煎得恰恰，才會酥脆可口。

昨夜捲了些豬皮，滷半個多小時，燜到今早再加熱，切片。

便當裡全都是像漩渦的圈圈。

「好像《寶可夢》裡頭的蚊香蝌蚪。」女兒呵呵一笑，「也很像櫻桃小丸子裡頭的班長丸尾。」

「其實我覺得很像《Keroro 軍曹》的 Kururu 曹長。」我說。

「那是什麼？」女兒問，「啊，是不是傻瓜青蛙？」

我曾經迷過《Keroro 軍曹》，但女兒不感興趣。

「其實，還很像螺仔餅，那是一種古早味零食，也叫做豬耳朵。」我說。

女兒突然挽著我，「我沒吃過，買給我吃。」她說得很甜。

這傢伙，只有提到零食才會大獻殷勤。

還好女兒沒看過伊藤潤二的《漩渦》，不然午餐吃著吃著會覺得有點恐怖吧。

忘了買水果，午餐喝高雄 9 號煮的紅豆湯吧。

豬皮卷卷

 60分鐘　　 難易度：★　　🍳 器具：staub 18cm琺瑯鑄鐵鍋

材料（6人份）

豬皮......300克

醬油......150ml

紹興酒......50ml

冰糖......15ml

水......適量

鹹草......6條

作法 Step by Step

1／ 鹹草泡水軟化，可泡熱水縮短浸泡時間。

2／ 豬皮削除皮下肥脂，切成約6、7公分寬的長條。

3／ 將豬皮捲起，以鹹草綁成卷。

4／ 豬皮卷加醬油、酒、冰糖煮滾。

5／ 撈除浮末，轉小火蓋上鍋蓋，煮40分鐘，燜2小時以上或一夜。

Finish

1. 泡水軟化

3. 鹹草綁豬皮

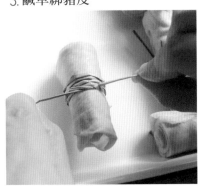

4. 加醬油煮滾

Point

因豬皮膠質豐富,宜將豬皮卷與滷汁分開冷藏保存,否則會結成一大塊。

紅豆湯

🕐 60分鐘　　👍 難易度：★

🍴 4人份　　🍳 器具：鑄鐵鍋

材料 Ingredients

紅豆（高雄9號）.....200克

二號砂糖.................100克

水.........................1100克

作法 Step by Step

1／紅豆洗淨，加700克水煮滾，轉小火加蓋煮40分鐘，關火燜60分鐘。

2／再加400克水小火煮30分鐘，加糖，以木鏟切拌，煮10分鐘。

3／蓋上鍋蓋，開大火煮1分鐘後關火，燜4小時以上。

Point

可使用電鍋，第一次外鍋加兩杯水，跳起後保溫一小時，外鍋再加兩杯水，跳起後加糖拌勻，保溫半小時至糖融化。

42

香蕉是好水果

配菜／炒麵腸、高麗菜、奶油地瓜飯、甜橙

我問：「便當帶奶油地瓜飯好不好？」

「我不想吃啦。」女兒說。

「妳上次不是說很好吃。」我說。

「對呀。」女兒說，「雖然很好吃，但我也會有某一天突然不想吃，就像生火腿，我也可能十年裡會有一天不想吃。」

生火腿是女兒的最愛之一，我才不相信她會不想吃。

「好吧，那只好改帶奶油紅蘿蔔飯了。」我開玩笑。

「千萬不要，那是我永遠都不想吃的東西。」女兒驚恐，連忙轉移話題，「那有水果嗎？」

「蘋果吃完了，帶香蕉吧，我來做香蕉肉卷。」我說。

「什麼！能吃嗎？」女兒大驚。

「我之前做過，妳吃過。」我說。

「想起來了，好吃耶。」女兒露出笑容。

牛肉片包捲香蕉，煎熟就完成了。

香蕉真是好水果，女兒晚餐飯後總喜歡吃一根。

香焦若是多放了幾天，出現斑點，質地或許會變得較軟，但香甜味也更足，很適合刮成泥，加雞蛋做成無麵粉的香蕉鬆餅。

香蕉牛肉卷

🕐 10分鐘　👍 難易度：★　🍳 器具：turk 26cm煎鍋

材料（1人份）

香蕉......1根

牛肉片......5片

鹽......少許

作法 Step by Step

1／ 香蕉去皮，切成與牛肉片同寬的小段。

2／ 以牛肉片將香蕉捲起。

3／ 平底鍋燒熱，抹少許油，放入牛肉卷煎熟，灑上鹽即可。

Finish

1. 包捲

3. 煎熟

Point

牛肉片亦可先加少許醬油醃漬一下。

香蕉鬆餅

 20分鐘　　 難易度：★

2人份　　器具：turk 16cm煎鍋

1.刮泥

2.打蛋

3.煎熟

材料 Ingredients
香蕉......2根　　雞蛋......2顆

作法 Step by Step

1/ 一根香蕉以湯匙刮成泥，另一根香蕉切片。

2/ 香蕉泥加蛋汁攪拌均勻。

3/ 熱鍋抹少許油，倒入適量香蕉泥煎至略凝固，翻面煎熟。

4/ 鋪上香蕉片，層層疊起。

Point
宜選熟軟一點的香蕉。1根香蕉刮泥後，可僅拌入1顆雞蛋，煎起來的口感較軟；1根香蕉配2顆雞蛋，比較容易煎。

43

雲南人的牛肉乾

配菜／洋蔥肉卷、青花菜、小魚煎蛋、蘋果梨子

女兒年幼時第一次換牙是去香港迪士尼，在酒店吃早餐時掉了；
還有一次是在日本正準備吃烤牛舌時掉了牙；更有一次是睡醒就
發現原本搖搖欲墜的牙齒不見了，恐是睡夢中吞下肚。

掉牙前吃東西小心翼翼，擺脫惱人的換齒過程，女兒顯然胃口大
開，便當都會吃光光，一粒飯都不剩，便當盒乾乾淨淨超好洗。

既然不怕牙疼，便當菜就來吃雲南牛干巴。
女兒猛點頭，說：「好好吃，超下酒的。」
我沒好氣說：「妳年紀小，還不可以喝酒。」
女兒露出驕傲的神情，「我之前偷舔過一滴你釀的梅酒，甜甜的，
很好喝。」她說。

牛干巴是什麼？說白話一點，就是雲南人的牛肉乾。雲南人會將
牛肉去除筋膜，抹上花椒、辣椒和鹽等醃漬，再風乾或烙乾。

偶爾會去桃園忠貞市場，吃米干、買香料，順便帶點牛干巴。

牛干巴吃起來比一般台灣牛肉乾還硬，蠻有口感的，味道較鹹，
帶著花椒香，幾無麻度，辣度也淺。雲南人習慣切片品嘗，也可
稍微烤一下或是炒菜、炒蒜苗、涼拌，甚至還可以油炸、煮湯或
炊飯。

真是期待女兒早日敢吃辣，炒牛干巴加些辣椒，那才過癮呢。

蔥爆牛干巴

 20分鐘　　👍 難易度：★　　🍳 器具：山田中華炒鍋36cm

材料（2人份）

牛干巴......100克

薑片......15克

蔥......1支

作法 Step by Step

1╱ 牛干巴切片，蔥切段。

2╱ 熱鍋放油，爆香薑片、蔥段。

3╱ 放入牛干巴炒香即可。

Point

牛干巴也可以搭配紫糯米飯品嘗。

Finish

涼拌牛干巴

🕐 10分鐘　　👍 難易度：★

🍴 2人份　　🍳 器具：塑膠袋

1. 敲鬆

2. 撕成絲

4. 調味

材料 Ingredients

牛干巴	100克	蒜頭	2瓣
洋蔥	30克	檸檬	半顆
蔥	1支	魚露	少許

作法 Step by Step

1／ 牛干巴放入塑膠袋，以木棍或玻璃瓶敲鬆。

2／ 將牛干巴手撕成絲。洋蔥切絲、蔥切段、蒜頭拍碎。

3／ 牛干巴絲加洋蔥絲、蔥段、蒜頭抓勻。

4／ 加檸檬汁、魚露拌勻即可。

國家圖書館出版品預行編目資料

餓童家便當日常：地方爸爸 88 道愛的料理與實戰日記
／沈軒毅（餓童）著 —初版 .-- 臺北市：三采文化，
2021.05
面：公分 .—(好日好食：55)

ISBN 978-957-658-526-5 (平裝)

1. 食譜

411.371   109014513

@ 封面底紋圖片提供：
wk1003mike / Shutterstock.com

三采文化集團

好日好食 055

餓童家便當日常
地方爸爸 88 道愛的料理與實戰日記

作者・攝影｜ 沈軒毅（餓童）
副總編輯｜ 郭玫禎
美術主編｜ 藍秀婷   封面設計｜ 池婉珊   內頁排版｜ 周惠敏
行銷經理｜ 張育珊   行銷企劃主任｜ 呂秝萱

發行人｜ 張輝明   總編輯｜ 曾雅青   發行所｜ 三采文化股份有限公司
地址｜ 台北市內湖區瑞光路 513 巷 33 號 8 樓
傳訊｜ TEL:8797-1234   FAX:8797-1688   網址｜ www.suncolor.com.tw
郵政劃撥｜ 帳號：14319060   戶名：三采文化股份有限公司
本版發行｜ 2021 年 5 月 7 日   定價｜ NT$450